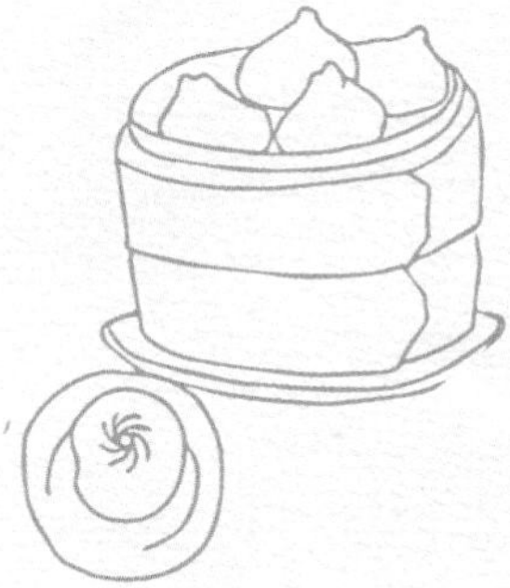

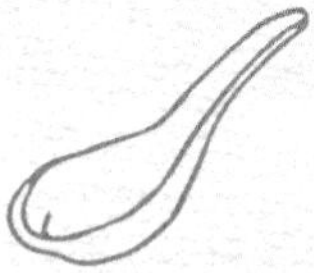

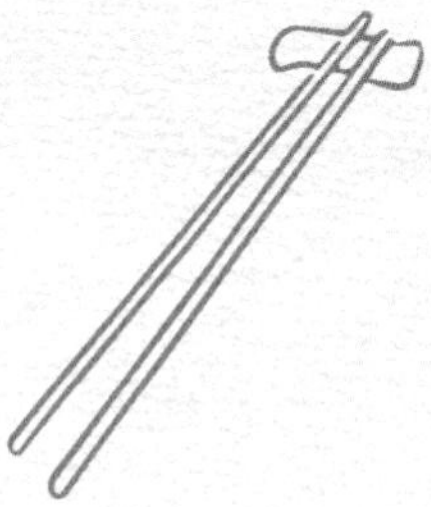

cookpad 著

懷舊餐桌

走入60間廚房 學做家傳菜

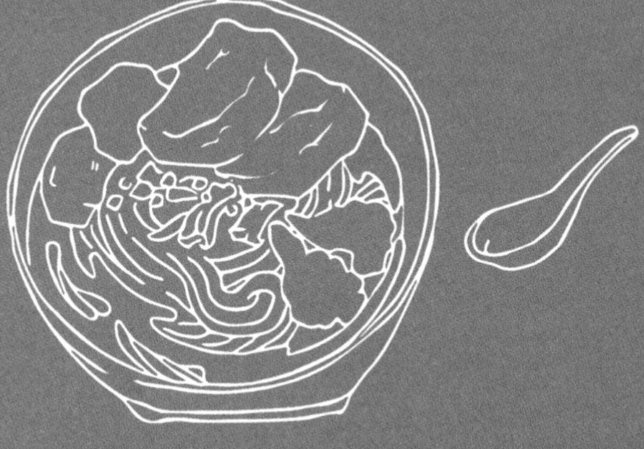

目錄 | Contents

第一篇 十位廚人的美味記憶

一道菜，是一個家的故事——

第二篇
今天，想學哪道手路菜？
歡迎來到咱家灶腳——

輯壹 令人垂涎的日常飯食

古早味廚房

輯貳

一生難忘的經典佳餚

古早味廚房

輯參 來一口古早味點心

輯肆 陣陣飄香的濃醇湯品

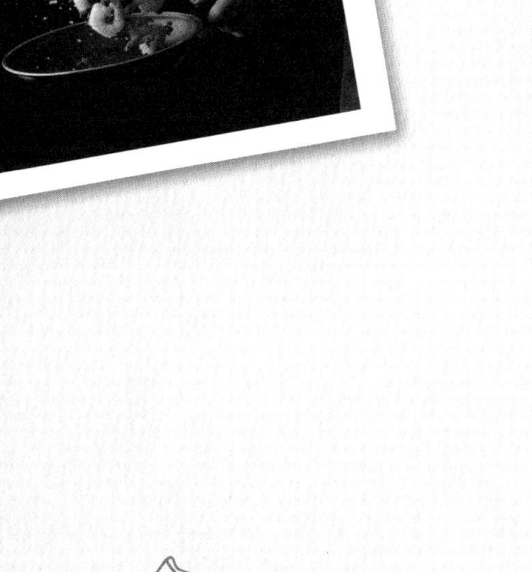

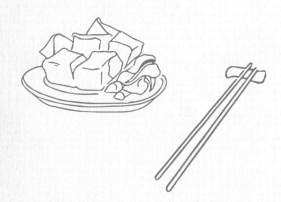

序言

讓我們一起天天享受烹飪趣

Cookpad創辦人 Aki Sano

親愛的讀者朋友：

Cookpad的誕生，是源自我相信「烹飪可以讓世界更美好」。

我非常幸運地，在一個關係緊密的家庭中長大，全家人每天一起晚餐的習慣，不僅讓我身體健康，所營造的親密關係，更是讓我們感到幸福。但這樣的相處模式，似乎越來越難得，我曾在朋友的家中親身體驗到——餐桌上，食物的價值不被珍惜，而烹飪也只是為了填飽肚子——疏離的家人關係對身心產生的負面影響，讓我對未來的生活環境感到擔憂。

在我就讀大學期間，有機會參與紐約的聯合國永續發展會議。在那場會議當中，我遇見了許多有趣的人，Abdu是其中之一。看到Abdu的第一眼，我才知道原來一個人的笑容可以如此美好、如此純粹。那一刻讓我明白，這就是我想做的事：「幫助人們找到幸福和快樂！」

後來我才了解，Abdu在他的國家經歷天災人禍後，決定開始自給自足的農事生活。在他的農場，一切都是以最自然且永續的方式運作。他種了許多樹，為自己打造一個天然且舒適的生活環境。這讓我回想起，過去我在美國和日本的農耕經驗，都是以經濟成本利益為考量，所以種樹完全不在考慮範圍內。

如大夢初醒般，過去我所信奉「經濟起飛、物質充裕，就是幸福」的觀念，在Abdu身上完全被推翻，我才了解到，降低欲望才是更靠近幸福的關鍵。這一切如醍醐灌頂般衝擊著我，讓我無法舉足前進，深怕任何行動都會帶給環境負面的影響，然而，自給自足的生活模式，也無法滿足我內心的抱負。

於是，我將過去的經驗和想法一點一滴的拼湊起來，我熟知日本蔬果的品質有多好，便開始和當地的小農合作，讓學校裡的人可以直接和小農訂購最新鮮的農產品。在那段期間，我學習到「即便是相同的蔬果，在不同時節採收，味道卻完全不一樣，結果也取決於種植的農家和環境」。所以依著時令選擇食材，才能品嘗最營養且美味的食物。

也因為如此，在特定時節盛產的農作物，就成了農家每天必須烹調的食材，為了讓同一種食材每天都有不同的變化，農家研發出各式各樣的烹調方法，讓烹調和食用的人都不會感到無聊。

這讓我有了一些新的想法，我認為，美味的食物一定會令人感到開心；而烹飪要如何帶給人們快樂呢？毫無疑問地，那就是「找到其中的樂趣」。烹飪的美好，在於你掌握了自己的飲食，並將徹底地了解身體承載了哪些營養。藉此，安全感便隨之而來，你可以完全信任自己經手的料理，對食材也會開始產生好奇；我們該如何像這些農家一樣，即便每天處理的食材相同，也能樂在其中、變化出不同的料理？

快速又忙碌的現代，烹飪似乎變成了一項挑戰。「我想將烹飪從『挑戰』，轉變成一件『有趣』的事，或是成為每天都值得期待的事；讓它不再只是例行公事，而是每日的幸福時光。」這就是我創辦 Cookpad 的初心。

當我們選擇自己烹飪，影響的不只是自身，還有為其烹飪的對象，像是家人或好友。同時，在購買食材的過程中，我們更影響著種植者與生產者，以及整個土地與環境。烹飪是一個讓人們、社會和地球變得幸福，且讓生活更健康的關鍵行為。我想，如果我可以幫助人們，享受烹飪的樂趣，那麼，我就可以帶給世界正面的影響力。

希望你能夠在這本書裡找到喜歡的食譜，並享受烹飪樂趣，也期待它能帶給你靈感，幫助你創造出屬於自己的食譜！

讓我們一起天天享受烹飪趣 Make everyday cooking fun ！

Cookpad 創辦人　Aki Sano

序言

烹飪是種堅定的正能量，而我們享受在其中

親愛的讀者朋友：

我以非常雀躍的心情，與你分享 Cookpad 在台灣的第一本食譜書。

選擇在歲末年終發行食譜書，是因為我們知道，即將到來的聖誕節、農曆年節，都是家人朋友歡慶團聚的時刻。如果今年，你不想再和大家搶訂餐廳和年菜，不妨邀約三五好友和家人一起烹飪，相信我，你一定會有不一樣的感受。透過一起烹飪，和家人朋友創造的美好回憶是無價的！

《懷舊餐桌！走入60間廚房學做家傳菜》這本書集結了許多著名的菜餚，從日常飯食到經典佳餚，並包含了台灣菜、外省菜和客家菜等等食譜。我們走入六十間廚房，探訪許多家傳故事，品嘗了各式的手路菜才成就這本食譜書。真心感謝一路上所有支持 Cookpad 的朋友們，你們無私的貢獻正影響著自身、家人及好友。同時，更影響著整個社會、土地與環境。感謝所有食譜的創作者，你們分享的故事深深感動著我們，讓我們更堅定要用烹飪為社會帶來正面能量與信念。

Cookpad 台灣隸屬於 Cookpad 全球這個大家庭。一九九七年於日本創立，目前已拓展至全球七十多個國家，並有超越一億的人正在使用 Cookpad 做交流，透過食譜互相學習，並且享受烹飪的樂趣。

希望未來的每一天，我們都能一起享受食物的美好！

祝福你們

平安、健康

Cookpad 台灣總經理 Daphne Hsu 徐子婷

Daphne

第一篇

一道菜，是一個家的故事

十位廚人的美味記憶

記憶裡，餐桌上那鍋滷肉，
是祖母最拿手的招牌料理。
後來，為了復刻腦海中的美味，
自己學習醃製、熬煮、上桌，
每一道程序都代表著對「家」的想念……
跟著十位料理達人，
回憶舌尖上的故事，
烹飪出「傳承」的風味。

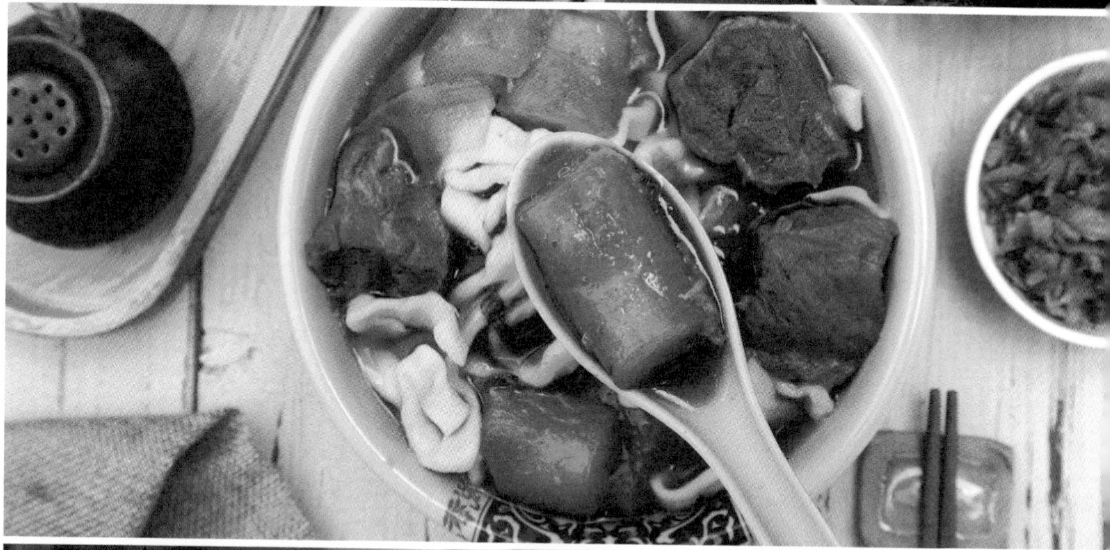

廚人的美味記憶

料理達人

周靜川

貓兒食堂7貓2奴料理日記
掃描 QRcode 成為烹飪粉絲

7貓2奴隱居於山城下的小村落，一手作畫一手作菜、分享植氣生活與節氣料理，用食物凝聚情感，暖呼呼下肚，治癒疲憊的人生，品嘗與家人共享餐桌上酸甜苦辣的幸福感，以及對美好生活的熱愛，也傳遞著對未來的希望和期待。貓家將日常點滴匯聚成生命的長河，在「貓兒食堂」與各位一起學習與成長。

暖呼呼的三代湯品

麻油枸杞鱸魚湯

春寒料峭，身體一下子還無法適應季節的更迭，正好市集端出新鮮現宰的鱸魚，挑了一條順眼的拎回家，櫥櫃裡還有去年冬天餘下的胡麻油，打開爐火用麻油將老薑煸香，再下鱸魚用麻油煎至兩面金黃，投入酒水與豆腐，熄火前，撒上少許枸杞即可上桌，起手之間，充滿著對家人的關愛。

享用著暖呼呼的魚湯，心裡想著得到鎮上再打瓶新鮮麻油備用，飄香了幾個世代的老麻油店，總是能夠輕易喚醒血脈裡熟悉的情感，成為記憶圖像的一把鑰匙，輕易便能開啟回憶中最美好的一刻。

這道餵養家族三代的湯品，從祖母到我的母親也包括我自己，無論是產後坐月子，抑或是在濕冷的季節裡，都要端上一盅麻油鱸魚湯，傳承自家的風味，讓「家」的文化臍帶能夠延續下去。「家」的味道暖胃也暖心，是既深邃又甜蜜的滋味。品嘗這道料理的同時，你是否也和我一樣，推敲著對「家」的懸念與想像呢？

麻油枸杞鱸魚湯

4人份

30分鐘

材料

- 麻油　3大匙
- 老薑（切片）　1塊
- 鱸魚（輪切）　1條
- 米酒　100毫升
- 清水　900毫升
- 豆腐（切塊）　1塊
- 枸杞　1大匙
- 鹽巴　少許

作法

1. 將麻油倒進冷鍋，以小火將老薑片煸至乾癟。
2. 將老薑片推至一旁，放入魚塊略煎至兩面金黃。
3. 加入米酒、清水與豆腐，煮至滾沸，再加入枸杞和少許鹽巴續滾20分鐘即可。

料理小撇步

- 酒水比例可自行調整，若要做月子餐，建議用全酒。
- 若使用全酒，請減鹽以避免湯品苦澀。
- 可加入燙熟麵線或米粉，增加飽足感。

料理達人

小廚娘

小廚娘料理時間
掃描QRcode成為烹飪粉絲

我是小廚娘，從以前不進廚房、不會拿刀，到現在家裡的除夕年夜飯由我來搞定。

年輕時讀商，二十一歲就開始熬夜、亂吃，作息亂糟糟，身體狀況亮起紅燈，才跟著教練、營養師的建議，執行低升糖指數飲食法，再加上調整生活作息，花了兩年瘦了二十公斤。

二〇一六年，我開始經營社群，分享自己的經驗，幫助超過至少上百位的網友解決健康問題，讓大家透過簡單好上手的料理，與正確的生活作息觀念，改變自己，並獲得一個全新的生活。

耿耿於懷的滋味

金沙九層塔杏鮑菇

小時候跟大人去吃快炒，有一道菜叫「金沙白玉苦瓜」，讓我印象非常深刻。還記得當時心裡非常驚訝：「哇！居然有黃金炒的菜耶！真是特別！」那是我第一次看到這道菜，因此異常興奮。

瞥見大人們將金黃色的苦瓜鋪在白飯上，各個便食指大動了起來，看似美味萬般，於是，我也握緊手裡的筷子，準備上前嘗一口，卻被媽媽連忙勸退，還說：「小朋友不喜歡喔！這是大人才會喜歡的味道。」

一開始我以為自己夠成熟，一定能駕馭大人的口味，結果……將金沙苦瓜放進嘴裡，嚼沒幾口後，我就趕緊吐掉。剛入口時雖然香氣十足，但越咬後勁越苦，完全不明白什麼是金沙味，便從此不喜歡苦瓜。不過，這道菜的香味，我內心遲遲忘不掉，直到長大才了解，原來金沙就是鹹蛋。

回想過去不好的經驗，我對鹹蛋料理敬而遠之；擅長烹飪的媽媽，為了顛覆我的想像，於是便教我一道「金沙九層塔杏鮑菇」，那熟悉的鹹蛋搭上多汁的杏鮑菇，更香更下飯，從此成為我最愛的「媽媽愛心招牌料理」。

金沙九層塔杏鮑菇

3人份

20分鐘

材料

杏鮑菇　數條
乾香菇　2朵
紅蘿蔔　少許
鹹蛋　1顆
九層塔　少許

作法

1 將杏鮑菇切成塊狀；香菇泡水後切成條狀；紅蘿蔔切成絲狀；鹹蛋切對半，並將蛋黃、蛋白分開切丁備用。
2 熱鍋後，先將鹹蛋蛋黃炒至起泡。
3 待蛋黃化開後，加入紅蘿蔔、半碗香菇水，拌炒煮熟。
4 將杏鮑菇、香菇，以及剩下的香菇水，加進鍋裡拌一起炒，並蓋上鍋蓋燜熟。
5 等鍋內食材熟了，將鹹蛋蛋白倒入，並稍微拌勻後，再蓋上鍋蓋燜30秒。
6 關火，加入九層塔拌炒即可。

料理小撇步

蓋上鍋蓋燜熟時，建議火候控制在中火，持續2～3分鐘即可。

廚人的美味記憶

料理達人

Colin

男人廚房 1+1

掃描 QRcode 成為烹飪粉絲

我原本是一個平凡的上班族，藉由對於料理的熱愛，慢慢地學習、調整烹飪技巧，一步一步地走向自己的夢想。現在除了與各大媒體合作料理專欄，也在全台的廚藝教室教課，分享屬於我的料理美味。

餐桌上的「糟糠妻」

南乳豬五花

小時候，假日是全家團聚的時光，外婆總會在那時捲起衣袖，走進廚房，像變魔法般，端出好幾鍋美味的佳餚。閃著油光的滷肉，算是最常出現的料理之一，烹飪的過程不算太複雜，又可以靠著一鍋料理，就讓大家飽餐一頓，因此外婆愛煮，我們也都吃得津津有味！

我最愛的古早味，就是外婆這鍋細火慢熬的滷肉了！滷肉就像「糟糠妻」一般，雖然食材不算高級，但可都是精挑細選，絕對是餐桌上不可或缺的一道料理。我想，就跟外婆的愛一樣，一吃下口，你會知道這就是最好的，是幸福的味道。

南乳豬五花

4人份

60分鐘

材料

南乳　100公克
豬五花肉　600公克
冰糖　2大匙
醬油　120毫升
蒜頭　6瓣
薑　10片
紹興酒　50毫升
水　適量
蔥　少許

作法

1. 將南乳調勻備用。
2. 將豬五花肉切成塊狀，用滾水汆燙備用。
3. 熱鍋，將作法2的豬五花肉放入，煎至表面上色，溢出香氣後，起鍋備用。
4. 將冰糖下鍋，炒出微焦的糖色後，加入醬油與作法3的豬五花，翻炒上色。
5. 加入所有材料煨煮入味，略微收汁後即可。

料理小撇步

● 加入雞蛋一起滷，可以吃到具有特色的南乳滷蛋唷。

廚人的美味記憶

料理達人

花花

花花的低醣世界 sunny's LCHF world
掃描 QRcode 成為烹飪粉絲

健康料理生活家，以料理專業背景、對食材營養的深入瞭解，以及獨門的烹調技巧，成功健康瘦身十四公斤。致力於將料理課堂上學習到的知識，帶進減醣飲食生活，讓減醣融入生命中。

現職「樂朋烘焙手作教室」的客座講師、「中華低醣生酮推廣協會」理事兼公關發言人，並著有《第一次生酮就上手．完美燃脂菜單 106 道》（柿子文化）、《全家大小不挨餓！省時又美味的控醣便當》（悅知文化）……等等書籍。

自家經典祕製

滷牛腱

自我有印象開始，每逢過年過節，家中宴客桌上都會有一盤滷牛腱，從冰箱取出後，切成薄片排成半圓形，撒上蔥花、辣椒裝飾，最後再淋上特調醬汁，就是客人最喜愛的一道花家經典祕製料理。父親總會滷上一大鍋，宴客後，我們就有美味的乾拌牛肉麵可以吃。

花爸爸滷的牛腱有著雅致的香料氣息，微微的鹹香帶出了牛肉鮮甜的好滋味，這可是讓我吃了四十多個年頭都不膩的好味道。

成為烹飪老師之後，某次同學們嚷著想學家常味，我就把幾道家中經典宴客菜開成了一堂課，竟意外的廣受好評，不斷加開新班。到四川學習川菜後，我將調味料的部分做了些調整，增加四川辣豆瓣和酒釀提味，讓牛腱的味道更加豐富而細緻。

滷牛腱是一道非常美味的下酒菜，雖然步驟稍微繁複，但一次可以滷上一大鍋，冰在冰箱，隨時可以品嘗！對我來說，這經典祕製牛腱，是父親愛的心意，也是令我想家的味道。

滷包祕方大公開

材料

花椒	5錢	小茴香	1錢
八角	5錢	砂仁	1錢
山奈	2錢	木香	1錢
白芷	2錢	丁香	1錢
高良薑	2錢	肉桂皮	1錢
草荳蔻	1錢	乾薑	1錢
肉荳蔻	1錢		

●我通常會在寧波西街的「益壽蔘藥行」購買滷包，請店家用最好的香料搭配滷包——香料的新鮮度會影響料理香氣。如果一次用不完一大份滷包，也可以請店家將香料打碎，分成兩小包，每次用一包。

滷牛腱

10人份

90分鐘

材料

紅辣椒	1根
紅番茄	2顆
蒜頭	9～10瓣
蔥	4根（大）
豬油	5大匙
薑	10片
冰糖	3大匙
復興醬園辣豆瓣醬	1大匙
鵲城牌郫縣豆瓣醬	1大匙
米酒	1杯
陳源和生抽	1杯
水	3杯
酒釀	1大匙
胡椒粉	適量
滷包	1份
牛腱心	3斤（約5條）

作法

1 將紅辣椒剖開；紅番茄於尾部切十字；蒜頭去皮；將蔥切半，青蔥與蔥白分開，青蔥葉的部分以棉繩綁成一捆，備用。

2 熱鍋後將豬油倒入，將作法1的蔥白、青蔥葉、蒜頭、辣椒，以及薑片入鍋爆香。

3 接著加入3大匙冰糖，待蔥、薑、蒜微上色後，關小火並加入兩種豆瓣醬，拌炒均勻。

4 依序加入米酒、生抽、水、酒釀、胡椒粉、滷包，將牛腱心及紅番茄放入，讓醬汁淹過牛腱心，煮15～20分鐘。

5 待牛腱心縮成1／2的圓球狀後，將作法4全部倒入鑄鐵鍋中，並確認醬汁淹過牛腱心，沸騰後蓋上鍋蓋，以小火熬煮45～60分鐘（視牛腱大小調整）。

6 燜煮後，確認筷子能穿過牛腱心，熄火靜置8小時，放入冰箱冰鎮後，即可食用。

料理小撇步

- 將滷牛腱切片，連同蔥絲一起包入蔥油餅裡，就變成美味的牛肉捲餅！
- 牛腱心如果浸泡於湯汁中，可以放置七天；若沒有湯汁，請盡量於三天內食用完畢，以免腐壞。

廚人的美味記憶

料理達人

Della

便當調色盤

掃描 QRcode 成為烹飪粉絲

我是 Della，一個朝九晚六的上班族，每天準備自己的便當是我上班最大的動力。我深信料理能夠與過去的記憶連結，每個便當也都有自己的故事。

呼嚕呼嚕吃下肚

大滷麵

小時候，外婆最常做給我吃的料理，就是大滷麵，因此對我來說，大滷麵裡充滿了家的情誼，是記憶中不可替代的味道。

我最喜歡吃麵條時，拌著熱呼呼的湯汁，「簌」地一口，從嘴唇滑進舌尖，此時此刻，覺得自己被飽滿地接住了，很簡單卻很深刻。

上大學後，離開家鄉，卻一直很想念這個滋味，好不容易趁著放假，我迫不及待地回到家，向外婆學習大滷麵的作法。

如此一來，每次想家的時候，就能為自己煮一碗熱呼呼的湯麵暖暖胃。

大滷麵

2～3人份

30分鐘

材料

- 木耳 1盒
- 紅蘿蔔 半根
- 娃娃菜 2株
- 嫩豆腐 半盒
- 蔥 1根
- 蒜頭 2瓣
- 雞蛋 2顆
- 豬里肌肉 100公克
- 醬油 2大匙
- 白胡椒粉 適量
- 太白粉 少許
- 香油 適量
- 糖 適量
- 烏醋 適量
- 麵條 1份

醃肉材料

- 醬油 適量
- 白胡椒 適量
- 米酒 適量
- 太白粉 適量
- 蠔油 2大匙

作法

1. 將木耳、紅蘿蔔、娃娃菜切絲；豆腐切條；青蔥與蔥白分開切蔥花；蒜頭切末；蛋液打散備用。
2. 將豬里肌肉切絲，加入適量醬油、白胡椒、米酒、太白粉抓醃備用。
3. 將蒜末及蔥白爆香，放入紅蘿蔔炒軟，再放入木耳拌炒。
4. 接著放入豬里肌肉絲，炒至半熟後，放入娃娃菜、豆腐，並加入適量的水煨煮。
5. 待煮滾後，加入2大匙醬油、2大匙蠔油，以及適量的白胡椒粉調味。
6. 將蛋液淋在作法5上，直到蛋液表面略為凝固後，再開始撥動。
7. 將少許太白粉加水調勻，並加進作法6勾芡，即完成大滷湯（可以加入糖或烏醋，依個人喜好調味）。
8. 將麵條另外煮熟後，盛入碗中，再淋上大滷湯，撒上青蔥花即可。

廚人的美味記憶

料理達人

花媽

花媽甜心派
掃描 QRcode 成為烹飪粉絲

我常覺得料理的溫度來自人與人之間。

我喜歡將創意、故事融入料理，並將美感與烹飪結合，用輕鬆愉快的氛圍將料理過程分享出去，讓每個人感受幸福滋味。

歡迎來到花媽甜心派，和我一起品味生活。

家家較勁的正統味

蝦米肉燥飯

說到最經典的中式傳統小吃，絕對非肉燥飯莫屬，不僅是許多人從小吃到大的料理，也是我很懷念的滋味。

關於肉燥飯的學問，可以說是博大精深，光是名稱就有「肉燥飯」和「滷肉飯」的派別；如果提到「肉」的樣式，舉凡肥肉、瘦肉、絞肉、肉末……等等，更會引來一波論戰，但不管如何較勁，最正統的口味，一定是自家餐桌上那鍋香氣四溢的滷肉。

我阿母的拿手菜——蝦米肉燥，在我心中也有個不可撼搖的地位。

以前唸書時，最期待的就是午餐時間，鐘聲一響，阿母總是準時出現在校門，親自把熱熱的便當遞給我，只要便當的重量比平常還要沉，我就知道裡頭一定是蝦米肉燥！因為一打開便當，這道用蝦米和香菇煸炒的古早香，將充斥整間教室，同學們便會蜂湧而來圍在我身旁，睜大眼睛看著我的便當。阿母知道後，怕我吃不飽，因此總會多裝一點白飯，讓聞香而來的同學們，可以一人一口，品嘗到飽滿的蝦米肉燥。也因為這道料理，看見同學們露出燦爛的笑容，讓我了解「分享」是一件非常快樂的事。

蝦米肉燥飯

4人份

30分鐘

材料

蝦米	30公克
香菇	6～8朵
豬絞肉	1斤
蒜頭（切末）	2大匙
白胡椒粉	2茶匙
醬油	2大匙
水	1碗

作法

1. 將蝦米洗乾淨；香菇浸泡後，切絲備用。
2. 起油鍋，煸香蝦米，再倒入香菇絲一起翻炒。
3. 將豬絞肉放入鍋內，煸出肉香後，接著加入蒜末一起翻炒。
4. 最後，將白胡椒粉、醬油、水加入，炒至食材熟透後，即完成。

料理小撇步

- 蝦米只須清洗乾淨，不須浸泡，可以保留更多香氣。
- 浸泡香菇時，可加入少許醬油一起浸泡，這樣香菇吃起來會更有味道！

廚人的美味記憶

料理達人

胖仙女

幸福 365 家常料理
掃描 QRcode 成為烹飪粉絲

粉專「幸福 365 家常料理」的版主，熱衷於中式、異國料理、烘焙、點心等，家裡的兩個孩子想吃什麼，總是有求必應，也因此孩子笑稱媽媽是仙女，可以用魔法變出美味料理。過去在媒體、出版業、社福機構工作，二〇一七年離開職場，展開以廚房為軸心的斜槓人生，從事餐飲教學、共餐廚師、食譜設計等工作，在不同的廚房享受施展魔法的幸福！

屬於媽媽的小撇步

鳳梨紅燒牛腩

小時候，媽媽有一只又深又大的快鍋，每次聽到壓力閥的哨音響起，就知道今天又有燉牛肉可以一飽口福了！在眾多燉牛肉料理中，媽媽最常做的紅燒牛腩，總是好吃到讓我們多裝一碗飯，而且隔天蒸出來的便當依舊香氣四溢。

媽媽曾經教我用「鳳梨」醃肉可以讓肉更軟，於是，我也將鳳梨加入這道紅燒牛腩裡。改良了媽媽的家常菜，紅燒醬汁透著鳳梨的甜與香氣，不僅非常好吃，還省去不少燉煮時間！

鳳梨紅燒牛腩

6人份

90分鐘

材料

鳳梨	半顆
薑	1小塊
洋蔥	1顆
牛番茄	2顆
紅蘿蔔	1根
牛肋條	500公克
油	適量
辣豆瓣醬	2大匙
醬油	100毫升
米酒	1大匙
冰糖	3大匙
水	500毫升

作法

1. 鳳梨去芯後，一半切薄片，一半切大塊備用。
2. 薑切片；洋蔥切厚片；牛番茄及紅蘿蔔切塊備用。
3. 戴上手套，將作法1的鳳梨薄片擠壓出汁。
4. 牛肋條切段之後，放入作法3中醃約20分鐘，再撥掉鳳梨果肉，取出牛肋條。
5. 燉鍋中加入適量的油，油微熱後，放入牛肋條兩面煎至上色。
6. 放入洋蔥炒香後，再放入豆瓣醬繼續拌炒。
7. 放入牛番茄及紅蘿蔔拌炒；倒入醬油、米酒、冰糖及水，攪拌均勻；再放入薑片及鳳梨塊，蓋上鍋蓋，轉小火燉煮。
8. 燉煮過程中，可不時開蓋攪拌一下，如果收汁太快，可酌量加水，煮至牛肉軟硬度適中即完成。

料理小撇步

- 每一種品牌的豆瓣醬、醬油鹹度皆不同，調味僅供參考，請自行調整。
- 牛肉以鳳梨醃過後，再加以燉煮，更容易軟爛，大約比一般的紅燒牛腩省了半小時的時間。
- 煮七十分鐘的牛肉口感帶有些微嚼勁，是最好吃的狀態。如果家中有長輩或幼兒，建議可煮到一個半小時，牛肉可輕鬆夾斷的狀態。

廚人的美味記憶

料理達人

蘿瑞娜

蘿瑞娜的幸福廚房
掃描 QRcode 成為烹飪粉絲

看著家人津津有味地吃著自己的手作料理，是種幸福。帶著小孩流浪到世界的角落，探索新奇的事物，是種幸福。喜歡把平淡的生活點石成金，喜歡在廚房裡天馬行空，喜歡發掘平凡中的不平凡。

蘿瑞娜過去是高中老師，現在一家五口旅居瑞典，喜歡和孩子下廚、旅行、手作，一同品味生活。粉絲專頁裡記錄了在瑞典教養小孩的點滴，及在小廚房裡端出的各國菜色。

看奶奶七十二變

古早味芋籤肉燥

我一直深深地認為，我們的味蕾是有記憶的，尤其是那些帶著愛的美好滋味。所以煮食對我而言，不只是為了日常的口腹飽足，更是世代文化的傳承，還有「愛」的延續。

印象中，童年的許多美好，都跟奶奶的料息息相關。就算她離開我們多年，我時常在做著料理時，感受她依舊活在我心中，而這份愛更是支持著旅居異鄉的我，使我不再畏懼生活中的種種挫折。

在飲食教育還不被重視的過去，奶奶就教我如何看節氣吃時令。芋頭盛產的季節，奶奶總能變化出不一樣的芋頭料理：炸芋棗、芋頭糕、蜜芋頭、芋頭粥、芋頭米粉……等等，甚至只是單純蒸芋頭，就能嘗到鬆軟綿密又香甜的口感；若是再沾上蒜茸醬油，那滋味便足以讓人傾倒。

而結合了台式滷肉燥的古早味芋籤肉燥，是宴客時常見的一道手路菜。除了台味的肉燥香氣相當迷人，還有奶奶的祕密武器——粽葉，這些都讓芋頭整體的風味增添更多層次，也更加美味。

古早味芋籤肉燥

4人份

40分鐘

材料

中型芋頭　1顆
粽葉　4～5葉
台式肉燥　1大碗
油蔥酥　2大匙
蔥花　適量
香菜　適量

作法

1 將芋頭去皮後，切成薄片、再切成絲備用（也可以用最大孔洞的刨絲器）。

2 粽葉洗淨、泡軟後，瀝乾，交疊鋪在蒸籠的底部。

3 接著鋪上一層芋頭絲，再鋪上一層肉燥。依此順序，將食材全部放入蒸籠中，再均勻地撒上油蔥酥。

4 將蒸籠放入電鍋內，外鍋加入兩杯水，蓋上鍋蓋蒸熟。待電源跳起後，燜3～5分鐘；食用前，撒上蔥花、香菜即可。

廚人的美味記憶

料理達人

Viola 謝靜儀

Viola 料理師幸福餐桌
掃描 QRcode 成為烹飪粉絲

一個出生於竹東鄉下的客家女孩，家裡有愛吃美食的爸爸，還有很會做菜的媽媽，從小訓練出吃美食的舌頭，還有愛料理的靈魂。

因為喜歡料理，便開始鑽研料理，曾經跟阿基師、詹姆士學習，也因為在料理網站上分享食譜，而有機會出了兩本食譜書《上桌秒殺美食料理家的日日好味》（台灣廣廈）、《縮時料理真輕鬆》（台灣廣廈）。目前仍持續分享料理食譜，藉由料理讓我明白，料理好吃的重點在一家人一起享用的過程，從中也更能感受到暖暖的愛。

日常客家味

桔醬酸甜肉

桔醬是客家人從小吃到大的家鄉味，客家人的冰箱裡總會有一罐桔醬，多用來沾白斬雞或是水煮青菜一起吃。在還沒離開客家庄之前，我以為桔醬很容易取得，不論是在家裡或外頭吃飯都有這一味。當離家到外地唸書後，才發現原來不是到處都買得到桔醬；為此，我還曾下課後，特地去找尋桔醬的蹤影。

從學生時代到現在結婚生子，媽媽總會特別幫我準備這個醬料，讓我帶著走。每當我思念家鄉味，只要簡單水煮肉、菜，沾上這個醬料，想家的心情，便被食物滿足了！

我們家除了把桔醬當沾醬外，還會用來料理食物。像這次要介紹的食譜，就是很經典的酸甜肉，每次上桌都非常受歡迎，食慾不佳時嘗上一口，會很開胃喔！

桔醬酸甜肉

3人份

20分鐘

材料

豬里肌肉　3片
紅彩椒　半顆
黃彩椒　半顆
鳳梨　50公克
醬油　2大匙
油　2大匙
蔥　1根

醃肉醬料
醬油　1大匙
糖　1小匙
米酒　1大匙
玉米粉　1大匙

料理用調味料
桔醬　2大匙
糖　1小匙
香油　1小匙

作法

1 里肌肉片用肉槌拍薄一些，切片後，用醃肉醬料醃製備用。
2 紅、黃彩椒洗淨去籽，切菱形片備用；鳳梨切片備用；蔥切絲或切蔥花皆可，用於裝飾。
3 鍋裡放入2大匙油，油熱後，把肉片放入，煎至表面熟成變色，再放入料理用調味料拌炒，讓醬汁覆蓋於肉片上。
4 再放入彩椒片、鳳梨片，大火拌炒一下，將蔬菜炒軟。
5 盛盤後，放上蔥絲即可。

料理小撇步

● 利用客家桔醬作為主要調味，會使料理的味道帶著一股酸甜的層次感，再加上酸桔的清香，可謂人間美味。
● 使用里肌肉片油脂較少，較不膩口。

廚人的美味記憶

料理達人

Woody

Woody 屋底下的廚房
掃描 QRcode 成為烹飪粉絲

我是 Woody，一個剛畢業的年輕人。因為對下廚有興趣，而開始自學料理，並經營 Instagram，也因為對製作影片有興趣，正在嘗試經營自己的 YouTube 頻道。

擅長的料理是南洋料理、早餐三明治類；創作的靈感來源是「想吃什麼就煮什麼」，慶幸想吃的料理還有很多，讓我有源源不絕的創作靈感。對我來說，做料理最大的成就感，是大家嘗到我的料理後，帶著幸福的表情說：「很好吃！」

我的目標是在 Instagram 上推廣更多食譜給大家，並利用 YouTube 頻道，教導更多新手，讓大家一起體驗下廚的樂趣，也希望有一間自己的工作室跟餐廳，裡面時常充滿各種料理的香味，和大家幸福開心的笑聲。

家常味與宴會菜交融

古早味蒸魚

據我的家人所說，多年前，曾祖父是個很有名的總鋪師——與國宴主廚同等級的那種廚師，雖然我完全沒印象，也不曾被曾祖父指點過，但我想，我有跟他相同的烹飪靈魂！

在曾祖父之後，我們家族不曾有人當過廚師，我想，最接近這塊領域的應該是我——或許，我繼承了那一點點的天賦。

我大學讀的是餐旅管理，曾經在宴會廳實習，現在正鑽研烹飪。我的生活中處處充滿著宴會與各種菜餚，對我來說，在宴會廳的工作，以及所認識的人，都深深影響著我，說宴會廳是讓我成長的家也不為過。

這次我選擇的菜餚，是宴會廳時常出現的蒸魚，搭配家中很常見的乾香菇與五花肉，表現出台式家庭菜餚與經典宴會菜交融的滋味。

古早味蒸魚

3人份

45分鐘

材料

乾香菇 4朵
五花肉 300公克
豆腐 1盒
台灣鯛 300公克
醬油 2大匙
糖 10公克
蠔油 1茶匙
米酒 1大匙
蔥 50公克
調味醬汁
醬油 40毫升
魚露 15毫升
糖 10公克
水 200毫升
油 50毫升

作法

1 將乾香菇泡水切絲;五花肉切絲備用。
2 將豆腐對半切,台灣鯛切成與豆腐相等的大塊。
3 將乾香菇絲炒香後,加入五花肉絲拌炒,備用。
4 加入醬油、糖、蠔油、米酒拌炒,收汁後,盛出備用。
5 在盤中抹油,放入豆腐,並將魚肉疊在豆腐上。接著,放上作法3的香菇和五花肉,以電鍋蒸12分鐘。
6 將調味醬汁的材料混合煮滾。
7 將作法5蒸熟的魚肉,放上蔥絲,並淋上作法6的調味醬汁。
8 依喜好撒上胡椒或是孜然粉調味,並淋上燒熱的油即可。

第二篇

歡迎來到咱家灶腳

今天，想學哪道手路菜？

明明是同樣的食材，
怎麼阿嬤、媽媽烹煮的滋味就是不一樣？
原來火候的控制、食材的選用，
以及烹飪過程裡都藏有小訣竅！
走進五十間廚房，
從日常飯食、傳統小點，
到節慶宴客菜，
端出家家戶戶懷舊的滋味。

輯壹

令人垂涎的日常飯食

上課前、放學後，那香味撲鼻而來。
鍋碗裡盛裝著迷人又日常的料理，
餐桌上擺放著美味又飄香的飯食，
鹹粥或控肉飯，瓜仔肉或麻油雞，
哪一道經常祭拜著你的五臟廟呢？

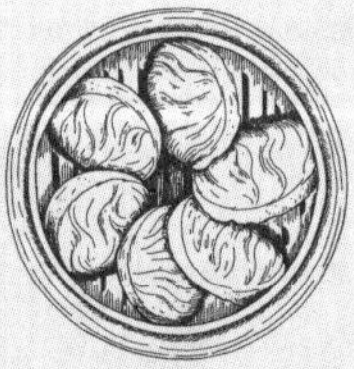

古早味廚房

日常飯食篇

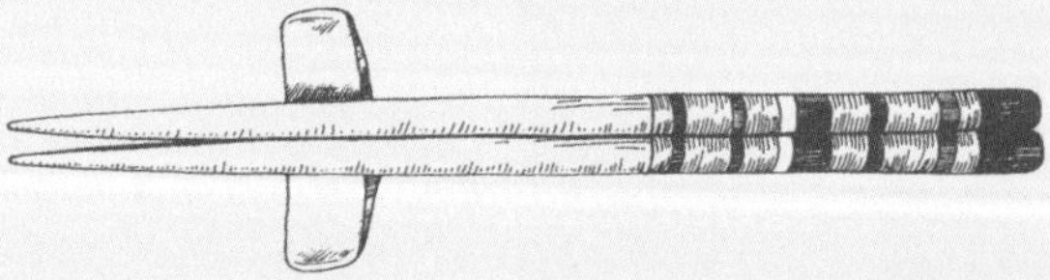

李婆婆的一碗麵，眷村記憶持續飄香

拜訪李玉康婆婆的那天，本來預期見到的是一位白髮蒼蒼、皺紋刻畫歲月的老太太，但是，婆婆本人卻神采奕奕，完全看不出來已經七十八歲的樣子。婆婆是山東濟南人，從八歲就來台灣，過去跟著部隊移動，有時候兩個月就要換地方，曾住過台北、楊梅、澎湖、台南、屏東、高雄……各地眷村，待最久的是苗栗，住了十九年。台灣這個家，婆婆可能比任何土生土長的人還要熟悉吧！

婆婆擅長的料理，除了日常菜餚之外，還有些料理，是逢年過節才會出現：年糕、香腸、臘肉、粽子，都是佳節限定。然而不像現在有網路食譜可以搜尋，在過去的年代，料理的技巧都是口耳相傳，幾乎每道料理都來自其他眷村媽媽手把手地教學。李婆婆學習做菜的經歷，可以說是她的眷村生活史；每道料理，是一家家產出的作品。

李婆婆在十八、十九歲成家，有了孩子後，自然而然地想為他們下廚，想要他們吃得健康。直到現在，李婆婆依然天天煮飯給兒子吃，三菜一湯是晚餐的固定配置，偶爾發懶也會煮個簡單的麵食當作一餐。雖然年紀漸漸衰老，她卻很享受買菜、配菜、煮飯的過程，還笑著說：「這樣比較不容易老人痴呆。」閒不下來的她，甚至在住家頂樓種植了不少作物，供日常食用為主，像是韭菜，就能變出韭菜盒子、韭菜水餃、麵疙瘩……等等，這些都是伴隨著韭菜盛產而來的冬季美食。

彷彿是眷村記憶的傳承，婆婆家裡的人都愛吃麵，舉凡炸醬麵、牛肉麵、涼麵……各樣麵點都是餐桌上的日常。婆婆擅長「雙醬麵」，指的是肉燥加麻醬，或是炸醬加麻醬，這在一般麵館比較少見，是出嫁前媽媽教她的料理。最初麵點裡只有豆乾、木耳、金針、豆瓣醬、肉、蔥、薑，後來婆婆自己改良，加入了花椒、筍子、香菇；花椒，增加香氣及口感，後來，又聽人說加甜麵醬好吃，因此現在的步驟中添加了甜麵醬。這道從媽媽手中習得的料理，後來添加的步驟，彷彿是婆婆人生歷程的寫照；走過的來時路，經歷的過往事，都在這一碗麵當中，寫成了舌尖上的故事。

Infor

姓名：李玉康
年齡：78
廚齡：60
族群：外省人
擅長料理：各類麵食

外省炸醬麵大改良

5人以上

3小時

材料

金針	適量
香菇	6朵
木耳	3片
綠竹筍	1根
豆乾	5塊
薑（切末）	1大匙
蔥（切末）	1大匙
絞肉	500公克
米酒	少許
油	適量
醬油	適量
糖	2小匙
花椒	少許
鹽	少許
豆瓣醬	3大匙
甜麵醬	3大匙
醬油膏	1大匙
水	2杯
太白粉	1小匙

料理小撇步

- 絞肉選用五花肉，加一點里肌才不會太油太肥，也比較健康。
- 在絞肉裡加一點油攪拌比較嫩、加一點糖不會柴、加米酒可以去腥味。
- 香菇切好後加少許鹽巴搓揉一下，會更入味。
- 筍子直接放入冷水中煮過再切，不要直接放入熱水煮，避免苦味。
- 各項材料分開炒，將水分炒乾，不容易壞，較能久放（炒起來放冷藏或冷凍，想吃的時候加熱即可）。
- 外面賣的炸醬，水分較多，不濃稠，自己煮可以減少水分，香氣比較濃郁，也較好吃。

作法

1 將金針、乾香菇泡水約4小時。

2 將金針、木耳、香菇、筍子、豆乾都切成小塊（筍子先以冷水煮過）備用；蔥、薑切成末備用。

3 在絞肉中加入米酒、油、醬油、糖攪拌均勻，備用。

4 起油鍋，以小火炸花椒（勿用大火以免花椒焦掉）；炸出香氣後，將花椒過濾，油留下，即完成花椒油。

5 以些許花椒油依序炒香菇、豆乾，炒至有香味後，盛起備用。

6 以些許花椒油，炒金針、木耳、筍子，並加一點鹽，炒至沒有水分，盛起備用。

7 以些許花椒油，將薑末、蔥末爆香，並倒入作法3的絞肉一起炒，變色，即可盛起備用。

8 以些許花椒油，放入甜麵醬、豆瓣醬拌炒（這個步驟就叫做「炸醬」）。

9 將作法5～7備用的料，倒入作法8的炸醬裡拌炒均勻；接著放入醬油膏、水，並煮滾，最後倒入太白粉加水，勾芡煮約1分鐘。

10 起鍋前，先試試味道，可依個人口味加入適量鹽巴、醬油。

11 炸醬適合搭配中、粗麵條，上桌前，可放上小黃瓜絲、蔥花，一起食用。

古早味油飯

承襲媽媽的手路菜

布丁愛美食的私房菜

我們家有六個小孩，記憶中媽媽總是很忙，為了讓我們吃飽穿暖，她兼了兩份工，其中一個便是餐廳的洗碗工，也因此學了不少餐廳的料理。她雖然很忙，卻依舊堅持每天去菜市場，採買最新鮮的食材，她說：「只要爸爸跟妳們吃得營養、開心，媽媽再累也沒關係。」

在媽媽的腦袋裡，好像載有上百道食譜，只要是我們想吃的，她就能變出來！而這道古早味油飯，也是她的手路菜，費工卻很好吃。媽媽有顆愛料理的心，就算此刻年紀大了，體力也變得較差，不過只要問她料理的作法，她臉上就會散發光彩，並滔滔不絕地解說。

以前老是吃媽媽煮的飯菜，現在換我煮給她吃，只要一有空，我就會帶便當回去和她分享，做的都是有回憶的菜，因為媽媽的食譜實在太多太多，每道都是經典，油飯、粽子、滷肉飯都是她最常做的，也都是我們小時候美好的回憶。

古早味油飯

8人以上

80分鐘

料理步驟圖

材料

圓糯米 6杯
香菇 6朵
紅蔥頭 100公克
冬蝦 100公克
水 5杯
香菇水 半杯
梅花肉（切條狀） 550公克
鹽 適量
胡椒粉 適量
味精 適量

作法

1 將6杯圓糯米洗淨泡水20分鐘後，瀝乾。
2 香菇泡水（切小塊），紅蔥頭洗淨切碎，冬蝦洗淨，備用。
3 將5杯水、半杯香菇水倒入作法1裡，放進電鍋煮（外鍋一杯半的水）。開關跳起時，再燜10分鐘。
4 起油鍋，炒香菇及冬蝦，炒香後盛起備用。
5 炒紅蔥頭，炒香後盛起備用。
6 將梅花肉條下鍋炒香。肉八分熟時，將剛剛炒好的香菇、冬蝦、紅蔥頭下鍋混合，並加鹽、胡椒粉、味精調味。
7 熄火，將煮好的飯挖出來，放至炒鍋裡，跟配料一起拌勻即可。

古早味廚房
日常
飯食篇

筍香鹹粥

「小滿」節氣必吃

MUJO養生御膳房的私房菜

二十四節氣，是中國古代用來指導農事之曆法。以地球繞太陽公轉一圈為基準，每十五度一個節氣，共二十四節氣，再以春夏秋冬分成四季，每季六個節氣。

「立夏」宣告夏天的到來，而接著的「小滿」、「芒種」、「夏至」、「小暑」、「大暑」，都是屬於夏季節氣。其中，「小滿」是夏季的第二個節氣。此時正值五月下旬，氣溫升高、降水逐漸增多，體濕難耐更明顯。飲食調養宜以清利濕熱的食物，清爽清淡的蔬食涼粥為主。說到涼粥，非家家各有偏方的「筍香鹹粥」莫屬，熱呼呼盯著電風扇吹的夏日，只有筍香鹹粥裡筍子的爽脆鮮甜、肉燥鹹香，完美得讓我稀里呼嚕一碗接一碗呢！

台灣常見可食的竹筍有箭筍、綠竹筍、麻竹筍、孟宗竹筍（冬筍、春筍、毛筍）、烏腳綠竹筍、桂竹筍，其中綠竹筍、烏腳筍及麻竹筍，因香甜清脆的口感，備受饕客喜愛。

五月起，鮮筍陸續報到，別錯過每年的當季鮮食，一起喝粥吧！

筍香鹹粥

材料

鹽	少許
米酒	1大匙
白胡椒粉	少許
五香粉	少許
豬肉絲	半斤
當季綠竹筍	3根
烏殼綠竹筍	1根（兩者皆可）
白米	2杯
紅蔥頭	1包
乾香菇	1把
蝦米	1把
蠔油	3大匙
黑木耳	1包
油片	5片
蔥花	1根
芹菜（切末）	3根

作法

1 以鹽、米酒、白胡椒粉、五香粉醬漬豬肉絲。

2 將筍殼上的泥土及纖毛刷乾淨。

3 以2杯米加水，加入作法2帶殼竹筍，熬出濃郁的筍粥（撒點鹽、青蔥，單吃就相當美味）。

4 起油鍋，將紅蔥頭炸成金黃酥油，接著，將油蔥酥盛起放涼，紅蔥油繼續留在鍋中。

5 將香菇、蝦米，以及作法1的醬漬豬肉絲倒入鍋中，依序爆香。

6 將作法5倒入鍋中，加入作法4的油蔥酥、蠔油炒香調料。

7 將作法3熬香的筍殼粥撿出不要的筍殼，備用（千萬別用這鍋當主鍋，此時鍋底米糊，容易燒焦）。

8 將黑木耳切絲；油片切長條；鮮筍逆紋切長條。

9 取新鍋，放些水煮滾，加入筍殼粥、香菇水、作法6的2／3爆香鹹料、黑木耳絲、油片、鮮筍煮滾，熄火燜15分鐘。

10 待涼舀起，拌上些許鹹料，撒上白胡椒粉，加點蔥花、芹菜末，即可上桌。

5人份

1小時

料理步驟圖

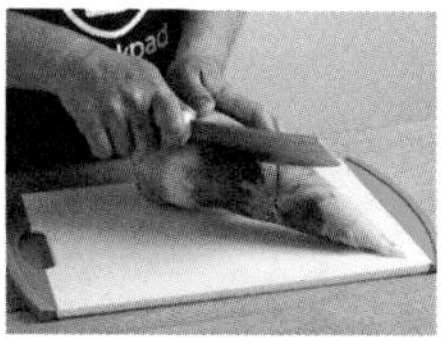

料理小撇步

＊如何挑綠竹筍？

- 每年 5 月下旬至 7 月下旬，是竹筍盛產的季節，選擇當令竹筍烹煮，最能嘗到美味。
- 筍殼金黃色或帶有褐色，平滑無毛，帶點泥土代表新鮮（越新鮮，肉質越細緻鮮甜）。
- 選擇竹筍基部大大的，外形像牛角彎彎的。
- 筍尖苞葉頭尖尖的（不要綠綠的）。
- 注意不肖商人可能會泡藥水，如遇筍尖開花的筍子，千萬別買！
- 烏殼綠竹筍為綠竹筍變種，挑法同綠竹筍。

＊如何挑麻竹筍？

- 每年 4 月到 10 月下旬的麻竹筍最美味（6 月是量產竹筍的季節）。
- 外觀大支、直挺肥壯。
- 新鮮的筍子，基部寬廣、質地白皙，有細緻色澤的話即含有水分、筍尖密合。
- 將筍子的底部削下一小片試吃，若不苦、滋味鮮甜，即可購買。

台味肉羹

遊子最懷念的手工料理

歪嘴Q生活食刻的私房菜

這道正宗台味肉羹，對我來說，是媽媽的味道。我從小就特別愛吃媽媽煮的羹湯，跟外賣比起來，湯頭清爽，配料豐富又實在，每次端上桌，總是很快被一掃而空！

後來離鄉背井，自己到北部工作、生活，身為外地遊子，對於家鄉的味道格外思念，於是總趁著返鄉之際，挨著媽媽多學幾道菜，希望讓自己的異地生活，能添進幾分家鄉味。

在這碗羹裡，對我來說，最重要的食材是「酸筍絲」。在外頭兜兜轉轉，嘗了不少羹，卻常覺得少了一味，這才發現，並不是所有的肉羹都會加入酸筍絲。果然，最道地的家鄉味，往往還是要挽起袖子自己煮才對味。

台味肉羹

4人以上

20分鐘

料理步驟圖

材料

白菜	215公克（約6片）
紅／白蘿蔔絲混合	80公克
金針菇（去根部）	50公克（1包）
鹽	少許
水	1700毫升
酸筍絲	55～60公克
手工豬肉漿	370公克
烏醋	60毫升
醬油	15毫升
黑胡椒或白胡椒	2茶匙
蒜酥	10公克
柴魚片	6公克
日本太白粉（馬鈴薯粉）	45公克
水	200毫升水

作法

1 將白菜切絲；紅／白蘿蔔切絲；金針菇切去根部後，抓鹽用水洗淨兩次，備用。

2 紅／白蘿蔔絲及水一起煮滾；煮滾後，分別加入酸筍絲、金針菇。接著，加入手工豬肉漿（捏成條狀）。

3 待水再次煮滾後，加入白菜絲續煮。

4 加入烏醋、醬油、胡椒及蒜酥。接著，將日本太白粉45公克加200毫升水，拌均後，倒入勾芡，柴魚片隨之加入，以小火煮5分鐘。

5 加上香菜點綴、調味，即可上桌。

手工豬肉漿作法

材料

瘦絞肉 500公克
肥絞肉 100公克
鹽 1小匙
米酒 1小匙
薑（切末） 10公克
蔥（切末） 10公克
香油 1小匙
冰塊 3～5個
地瓜粉 40公克

作法

1 將瘦絞肉加鹽攪打均勻。
2 加入米酒、肥絞肉、薑末、蔥末、香油、冰塊攪打均勻，再放入地瓜粉攪打。
3 將豬肉漿摔打數下即可，口感會更加Q彈。

料理小撇步

● 目前最常見市售太白粉分為兩類：日本太白粉，由馬鈴薯製成，黏性較佳；台灣太白粉，由樹薯粉製成，黏性較低。
● 若使用日本太白粉勾芡，用量要比台灣太白粉少一些。

白北魚蝦仁蜆粥

護肝的滋養美味

Sophie Chang 的私房菜

小時候，媽媽喜歡煮蜆湯給我們喝，說可以護肝，我最喜歡將一顆顆的蜆肉剝在碗中，再一口吃下去，慢慢地咀嚼它的鮮甜滋味。除了蜆湯，媽媽也會把土魠魚煎香，搭配去了殼的蜆，熬成鹹粥，讓趕著補習的我們，能快速地吃碗溫熱的鹹粥再出門。媽媽的愛心粥，彷彿在說著：努力學習之外，也要護肝顧身體喔！

現在，我也成了媽媽，有著一顆想守護孩子的心，更能體會當年媽媽想透過料理傳達給我們的愛。這碗粥雖然跟媽媽煮的配料不盡相同，但一樣美味、一樣溫暖，也一樣帶著愛。

白北魚蝦仁蜆粥

2～3人份

30分鐘

料理步驟圖

材料

圓蜆	300公克
米酒	1大匙
白飯	1碗半
紅蘿蔔（切絲）	1小段
高麗菜（切絲）	8葉
橄欖油	適量
紅蔥頭（切片）	6瓣
蒜頭（切末）	3瓣
蝦皮	1小把
蝦仁	80公克
蔥	1根
白北魚／土魠魚	1片
鹽	適量
白胡椒	適量
芹菜	適量
香油	1大匙

作法

1 煮一鍋滾水，加入蜆、米酒煮熟（可多煮一下，讓蜆肉與殼分離，撈起蜆，取肉去殼）。

2 將蜆肉湯汁，加進白飯一同煮，再陸續加入紅蘿蔔絲與高麗菜絲，煮熟後，加鹽調味。

3 起油鍋，炒香紅蔥頭片、蒜末、蝦皮，再加進蝦仁、蔥末，炒熟調味後備用。

4 煮粥的同時，將白北魚撒上鹽和胡椒，放入小烤箱烤熟（約15分鐘），取出剝成塊狀。（魚也可以用煎的）

5 最後，將魚片、蝦仁、蜆肉拌入煮好的粥中，撒上青蔥或芹菜，淋點香油即可。

老虎菜

沁涼夠味涼拌小菜

北美liuliu的私房菜

某次到朋友家聚餐，餐桌上一道沙拉菜十分吸睛，詢問之下才知道這叫「老虎菜」，當大夥還摸不著頭緒時，朋友解說「老虎菜」是中國東北的一道家常涼拌菜，也是熱天的一道開胃菜，材料簡單、作法容易，隨手一拌就是好吃爽口的小菜。

夏天是小黃瓜、彩椒、辣椒盛產的季節，正是「老虎菜」的用料，十分家常，作法也很簡單、隨性，可依個人喜好添加食材，也能利用冰箱現有食材，加入這道嗆辣開胃的涼菜；再者，還能攝取豐富的維生素。

若想讓辣勁猛烈如老虎，廚友們可自己加辣椒油、芥末油或XO醬來調味，保證嗆辣夠味！

老虎菜

3人份

15分鐘

料理步驟圖

材料

紅辣椒（小）	1根
青辣椒（大）	1根
各色彩椒	3顆
香菜	1根
小黃瓜	2根
蔥白	2根
蒜頭	3瓣
鹽	1／4小匙
醬油	1大匙
白醋	1大匙
糖	1大匙
麻油	1大匙

作法

1 將紅辣椒、青辣椒、紅黃橙三色彩椒洗乾淨後，切除蒂頭、去籽、切絲備用。

2 將香菜洗乾淨、瀝乾水分，切段；小黃瓜洗乾淨，切絲備用。

3 將蔥白切絲，泡冰水可降低辣味，並使口感更爽脆。

4 將蒜頭切末，放入大碗內，加入所有調味料備用。

5 切好的紅辣椒、青辣椒、彩椒、香菜、小黃瓜、蔥白，放入作法4調味料碗裡混合均勻即可。

杏鮑菇漢堡排

令人驚豔的便當菜

R.L. 料理研究室的私房菜

平時一個人在外地打拚，為了省錢、健康，總是自己帶便當。我不喜歡便當太多湯湯水水，所以漢堡排對我來說，就是一道很適合作為便當的菜色。

一般的漢堡排如果處理不好，容易有口感太乾柴的問題，於是我實驗性地包入多汁的杏鮑菇，沒想到一次就成功！

這道杏鮑菇漢堡排，後來也成為我為家人準備的年菜之一。不知道從哪一年開始，我成了家中年菜的掌廚人。

傳統年菜總有高油、高鹽的問題，如果你也想過用料理照顧家人的健康，這道漢堡排會是一個很棒的選擇。

杏鮑菇漢堡排

3人份

30分鐘

料理步驟圖

材料

豬絞肉	250公克
杏鮑菇（切丁）	100公克
洋蔥（切末）	1／4顆
蔥花	適量
鹽	1匙半
黑胡椒粉	1小匙
香蒜粉	適量
醬油	2大匙
味醂	2大匙
米酒	2大匙
糖	少許

作法

1 將豬絞肉、杏鮑菇丁、洋蔥末、蔥花、鹽、黑胡椒粉、香蒜粉拌勻，揉至產生黏性。

2 取適量作法1肉泥塑成圓餅狀，中間稍微下壓。

3 起油鍋，放入作法2捏好的漢堡排，以中火煎至表面微焦後，翻面繼續煎，另一面也煎至微焦後，用筷子插入肉中，流出來的肉汁為透明，即可起鍋。

4 將醬油、味醂、米酒及糖倒入鍋中，煮滾，即完成醬汁，淋在漢堡排上即可食用。

和風菠菜

勝過大魚大肉

凱茜媽咪の廚房的私房菜

我的父母都曾經歷日據時代，記憶中，家裡的料理，總是帶著一股和風味。在我的童年記憶裡，長輩們經常敘述日據時期的生活——務農的老一輩們，終日艱苦、勤奮打拚，卻只能得到一鍋參雜著極少白米的地瓜籤，讓三餐簡單溫飽。而從小當童養媳的阿嬤，在刻苦的日子裡，挑起大樑，照料全家大小的食衣住行，對於三餐也沒馬虎，總巧心變化，即便只是水煮自家種植的青菜，淋上醬油，這樣簡單又快速的料理，在當時已是難能可貴。

記憶中，父親時常對著我說：「幼年地瓜籤吃怕了，偶爾有碗白飯配上淋了醬油的燙青菜，就是勝過大魚大肉的人間美味。」我的和風菠菜，承載著父親的回憶，簡單的料理，卻滿是濃濃思情。

和風菠菜

3人份

5分鐘

料理步驟圖

材料

菠菜	1把
熟芝麻	適量
研缽	1個
研磨木棒	1個
鰹魚醬汁／蠔油	適量

作法

1 清洗菠菜，留下部分根部（菠菜的根部營養價值高）。

2 汆燙菠菜兩分鐘，撈出，瀝乾水分備用。

3 打開壽司捲簾，將汆燙過的菠菜放在捲簾上，如同捲壽司般，把水分擠壓出來後，再將菠菜切段。

4 將熟芝麻倒入研缽，開始研磨；芝麻粉的粗細，依個人喜愛調整。

5 將作法3菠菜盛盤，淋上鰹魚醬汁或蠔油，再撒上研磨好的芝麻粉即可。

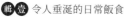

金沙瓜仔肉

零負評的媽媽滋味

陳芸英的私房菜

媽媽在世時，每當周日北上，她都會為我準備一些菜，而「瓜仔肉」是其一。記得有一次她罹患重感冒，加上心臟不好，一整個星期都躺在床上休息；但眼看我兩手空空就要離開了，硬是撐著虛弱的身體到廚房，喃喃地說：「至少要給妳帶一份瓜仔肉上去……」雖然我推說不用麻煩，她卻堅持地說：「一點都不麻煩，做『瓜仔肉』最簡單了，兩三下就好。」

我因此非常懷念媽媽做的瓜仔肉，有次想做些創新料理，靈機一動，在瓜仔肉上面「滾」一層鹹蛋黃金沙，不但提升風味，也讓口感更豐富。

這道開胃又下飯的料理，零失敗、零負評，深受家人歡迎。

金沙瓜仔肉

8人份

40分鐘

料理步驟圖

材料

脆瓜	180公克
絞肉	300公克
醬油	1大匙
水	半碗
沙拉油	適量
蠔油	1小匙
太白粉水	適量
鹹蛋黃	2個
香菜	適量

作法

1 取脆瓜，切小丁，加入絞肉，接著再加入2大匙脆瓜湯汁、1大匙醬油和半碗水，攪拌均勻。

2 取一容器，周圍抹一層薄薄的沙拉油，將作法1的內餡放入其中。

3 放入電鍋蒸。蒸好後，將湯汁倒入炒鍋，瓜仔肉倒扣盤中。

4 將1小匙蠔油和太白粉水倒入炒鍋勾芡，以小火煮約1分鐘呈黏稠狀後，淋到作法3瓜仔肉上。

5 將鹹蛋黃壓碎，並切成細狀。

6 取一炒鍋，放兩大匙沙拉油，加入鹹蛋黃炒至起泡。

7 將作法6淋到瓜仔肉上，四周以香菜點綴即可（也可替換成花椰菜或青江菜等）。

紅燒胡椒雞肉

膠質般的家人情感

麗萍月嫂的私房菜

這道紅燒胡椒雞肉是我兒時最喜歡的一道菜。每次放學回家，還未踏進家門，就會聞到陣陣香氣已撲鼻而來，腳步不自覺地加快，朝著廚房的方向前進。果然，是媽媽在煮飯。

雖然這道菜要花較多的時間準備食材，但媽媽知道孩子愛吃，總是煮一大鍋。胡椒雞的湯汁也特別下飯，它豐富的膠質，就好像家人的情感一般，凝結在一起。每次上桌總是白飯一碗接著一碗，這樣的美味也除去了我一天的疲憊。

現在，媽媽已經離開我了，想念她的時候，我就會煮這道紅燒胡椒雞肉給家人吃。每當看到他們臉上滿足的笑容，我總回憶起小時候，一家人圍著圓桌一起分享這道料理的模樣。

紅燒胡椒雞肉

4人份

50分鐘

料理步驟圖

材料

雞肉（仿仔雞）　半隻
白蘿蔔　1根
薑　5～6片
醬油　1～2小匙
味醂　適量
白胡椒粉　半小匙
辣椒　1根

作法

1 雞肉、白蘿蔔切塊；雞肉擦乾不要有水分。
2 起油鍋，等油熱後放入薑片爆香，炒至微焦有香氣。
3 加入雞肉炒至變色，然後加入白蘿蔔拌炒。
4 加入醬油，炒香後，加入味醂、白胡椒粉調味。
5 倒入蓋過食材的水量，加進整根辣椒，以大火煮滾。
6 煮滾後，轉小火，燜煮30分鐘，用筷子插入雞肉，試試看是否軟嫩入味。最後，將雞沫撈起即可。

料理小撇步

●坐月子的媽咪不適合吃白蘿蔔，可以換成栗子燒雞或雪裡紅，一樣美味。

客家碗粿

樸質精神的代表

Lei Ju's Kitchen的私房菜

我的母親是苗栗的傳統客家人，所以我自小就嘗遍各式客家美食，成長過程中也深刻體會客家人內斂、節儉的性格如何影響客家飲食文化。

就像傳統客家碗粿，碗粿本身柔軟綿密、潔白無瑕，上面鋪著香菇、肉燥、菜脯等家常食材，淋上一匙蒜泥醬油膏，這樣簡單的組合，卻創造出由淡轉濃，具有層次感的美味。

就像客家族群數百年來不斷地開拓、發展與進步，但又能保持著初衷與樸實無華的精神。所以，我們是不是可以說：客家碗粿就是客家文化的縮影呢？

客家碗粿

10人份

2～3小時

料理步驟圖

材料

碗粿料

乾香菇	10公克
蝦米	10公克
蝦皮	5公克
豬絞肉	200公克
菜脯	100公克
油蔥酥	20公克
蠔油	適量
胡椒粉	適量

粉漿

在來米粉	230公克
玉米粉	70公克
鹽	少許
糖	1匙
冷開水	700公克
熱開水	1000公克
豬油	1大匙

作法

1 準備碗粿料：將泡軟的香菇切丁；蝦米、蝦皮炒香。

2 起油鍋，倒入絞肉炒至八分熟，再放入菜脯、油蔥酥、蠔油、胡椒粉均勻拌炒，即可盛盤備用。

3 準備粉漿材料：將在來米粉、玉米粉、鹽、糖全部倒在一起，用冷開水調勻。

4 將作法3倒入煮開的熱水中，若還不夠濃稠，再以小火煮至黏糊狀，放入豬油，馬上關火、拌勻。

5 隨後分裝到小碗中，在每碗米漿中分別鋪上作法2的餡料，再放入蒸鍋中蒸約35分鐘。

6 食用前，淋上蒜泥醬油膏即可。

胡椒蝦

鮮味口齒留香

搖滾廚房 Rock Kitchen 的私房菜

秋冬之際，生炒胡椒蝦總是能溫暖全家人的胃。胡椒的香氣逼人，選用活白蝦，肉質清甜脆口，醬汁鹹香辣，蝦肉鮮甜多汁，一口咬下，欲罷不能。

依據長輩的飲食經驗傳承，吃這道家傳胡椒蝦時不用剝蝦殼，直接送入口中，連帶蝦殼一起咀嚼，能吃到蝦殼外層的胡椒醬汁，才不失這道料理的精髓。

炒蝦時，火要大、動作要快，才不會把白蝦炒老；鍋底留些許醬汁，吃起來最夠味。

如果將白蝦換成泰國蝦，建議收汁時要盡可能收乾，這樣泰國蝦的香氣才會入味，整體表現更佳。

胡椒蝦

4人份

10分鐘

料理步驟圖

材料

- 蒜頭 5瓣
- 麻油 半匙
- 沙拉油 1大匙
- 老薑（切片） 5片
- 胡椒蝦專用粉 3大匙
- 辣椒 1根
- 活白蝦 2斤
- 水 半碗
- 米酒 2大匙
- 蔥 1根

作法

1. 將蒜頭切成蒜末，備用。
2. 將麻油與沙拉油一起入鍋，以中火炒香薑片。
3. 放入胡椒蝦專用粉，炒香後，放入蒜末、辣椒快炒。
4. 將活蝦放入鍋中，轉至大火，加入水翻炒一下，蓋上鍋蓋。
5. 待蝦子變色一半後，再翻炒一下，等蝦子全變紅色時，加入米酒，繼續快速翻炒收汁。
6. 放入蔥段，鍋底留點醬汁，即可關火、盛盤。

料理小撇步

＊如何快速收乾醬汁？

- 收乾泰國胡椒蝦的醬汁時，維持爐上的火至中小火，一邊以吹風機於上頭烘乾醬香料，就可以做出像餐廳那樣的乾度。

香椿滷豆包

素食者的蛋白質

Jenni的私房菜

自小，我們全家茹素，媽媽為了增加餐桌上的蛋白質，會從早市買回香氣十足的豆包，她說那是她很喜歡的味道。通常在節日祭祖前，媽媽也會特地油炸許多豆包，平時存放在冷凍庫，需要時，就加上香椿末與香菇素蠔油，簡單燉煮入味。

隨著健康意識高漲，媽媽已經不怎麼煎炸豆包了，取而代之的是開始讚賞豆包的軟嫩口感，搭配院子裡剛摘下的香椿嫩葉，由香菇素蠔油帶出甜鹹味，成為一道我家的常駐下飯菜。

成年後離家生活，與家的距離，不只是日夜差距的時間，同時也是一張機票不能算盡的遠程，從小喜歡當媽媽二廚的我，在需要自己帶便當的生活中，便從記憶裡拉出這些片段，複製嘗試。去年回家時，媽媽特地請鎮上的豆包行，事先冷凍一公斤多的豆包，和我一起度過近二十小時的航程——這個家的味道，陪伴著我直到現在。

說到這裡，冰箱裡最後一塊香椿塊，只剩下一小口了，我索性將最後的豆包一次滷完，寧缺勿濫，這是不能改變記憶裡的好味道。

香椿滷豆包

6人份

15分鐘

料理步驟圖

材料

豆包 12片
橄欖油 適量
花椒 適量
香椿 適量
水 適量
素蠔油 適量

作法

1 將豆包切對半；花椒壓碎；香椿切成末，備用。

2 熱鍋，倒入橄欖油，放入花椒，以中火炒出香氣，再放入香椿，稍微拌炒一下。

3 放入豆包拌炒，均勻混合花椒、香椿與豆包，添加適量的水，稍稍包住豆包；水滾後，中火燜煮3分鐘。

4 加入香菇素蠔油拌炒，讓素蠔油與豆包均勻混合，改以小火燉3分鐘入味，盛盤即可。

夏威夷炒飯

顛覆你的想像

馬兒小食光的私房菜

「夏威夷炒飯」總是令我想起兒時那個喧鬧的同樂會，保母徐媽媽為我料理的一道菜，使我至今難忘。

那年同學會，學校請每位同學分別帶一道菜到學校分享，徐媽媽聽到後，便特別切了一個霸氣的鳳梨盅，正當我疑惑她的舉動時，她便在裡頭裝了香噴噴的夏威夷炒飯，使我眼睛一亮，興奮地帶去學校。如同我所預料，同學也用羨慕的眼光，朝我走來，一觀這個鳳梨盅的厲害之處。

水果入菜，是小時候的我不曾有過的飲食體驗，因此記憶非常深刻。那粒粒分明的炒飯，每一口都能吃到火腿香腸的煙燻香氣，而爽脆的蝦仁加上酸甜的鳳梨，使每次的咀嚼，伴隨著新鮮的鳳梨汁，令人感到驚喜萬分。

長大後，我便嘗試做這道料理，復刻那個酷暑中熱鬧幸福的午後時光，是我最享受的事。

夏威夷炒飯

2人份

20分鐘

料理步驟圖

材料

鳳梨 適量
煙燻香腸 2條
洋蔥 半顆
蔥 少許
蝦仁 10隻
蛋 2顆
蒜頭 少許
隔夜飯 適量
胡椒鹽 少許

作法

1 將鳳梨洗淨，並從中間剖開，將裡面的果肉用湯匙挖出，切塊備用。
2 將香腸切小塊，洋蔥切片，蔥與蒜切成末備用。
3 將蝦仁用廚房紙巾擦乾水分備用；打兩顆蛋於碗中備用。
4 將香腸、洋蔥、蝦仁丟進鍋中稍微炒一下；蝦仁炒到半熟後，先夾起來，避免炒得過老。
5 加入蛋液、蔥、蒜炒香後，再加入隔夜飯，把飯炒散。
6 加入鳳梨拌炒；最後加入半熟的蝦仁，繼續炒，並加點胡椒鹽調味，擺盤即可。

料理小撇步

●炒飯時，千萬不要壓飯，才能粒粒分明。
●別太早把鳳梨加進去炒，以免飯變得溼溼的，影響口感。

山藥脆瓜肉丸

兒時的樸實滋味

Jaya青農主廚的私房菜

「基隆山藥脆瓜肉丸」是我的兒時記憶，在那個不太富庶的年代，只要有絞肉、醃黃瓜就可以飽餐一頓。國小求學時，因為父母都在食品廠工作，我也跟著住在食品廠的宿舍裡，每天都會接觸到瓜果、豆類、調味醬等加工食品。醬瓜就是其中一項，只要當天有加工，就會有瓜仔肉可以吃，那剛做出來的味道真是棒極了！

即便成年了，吃的選擇變多、變得豐富，心裡卻一直懷念著小時候的種種時光，還有那些簡單樸實的味道。

回鄉務農，想起絞肉醃黃瓜的回憶，我便把在地食材「基隆山藥」加入其中，為這份兒時的口感跟味道，添加不同風味；而光是山藥的烹調方式不同，就可以讓這道料理展現出不同的生命力，這也是我想讓更多人知道的料理精神。

山藥脆瓜肉丸

5人份

20分鐘

料理步驟圖

材料

大茂黑瓜 1罐
豬絞肉 300公克
基隆山藥 60公克
洋蔥末（切末） 30公克
鹽 半茶匙
香油 半茶匙
胡椒粉 半茶匙
黑豆醬油 1茶匙
辣椒（切絲） 少許
青蔥（切絲） 少許
太白粉水 少許

作法

1 將大茂黑瓜、豬絞肉、基隆山藥（切成紅豆粒大小）、洋蔥末、鹽、香油、胡椒粉、黑豆醬油，全部放入小鍋內攪拌均勻。

2 使用烤布丁（3盎司）的器皿，可以分裝7～8個（八分滿／杯）；在蒸的過程會產生湯汁，所以不能裝太滿。

3 放入電鍋蒸15分鐘即可；取出後，將湯汁集中倒在一碗中備用，並將肉丸倒扣在盤中。

4 將湯汁加熱，並加入蔥絲、辣椒絲，以及一點太白粉水勾芡，倒在肉丸上使其充分沾附醬汁，即完成。

料理小撇步

- 選用口感綿密的在地基隆山藥，風味會更有層次感！
- 基隆山藥預先處理法有三種：蒸、水煮、搗泥，可創造不一樣的料理，都可以試做看看。
- 大茂黑瓜的成分為黑豆汁與黃瓜，因此選用黑豆醬油會很對味。

梅干菜蒸肉

陳年開胃主食

鍾姐的私房菜

還記得小時候，外公外婆與舅舅們同住在鄉下，五個舅舅共同耕作約十甲稻田，而五位舅媽則各有一方菜園，依著四季節氣，種著不同的蔬菜。園子裡收成的一些菜葉會用來養雞鴨，大部分蔬菜除了供應自家料理外，多的就會曬乾，方便保存。

每當回外婆家時，舅媽們即會殺雞加菜、煎菜脯蛋、梅干菜蒸肉、豬油炒青菜……等等，記得當時媽媽笑著對舅媽說：「小美平常在家只吃一碗飯，有了梅干菜蒸肉，就吃不停了。」

後來，家裡的飯桌上也有了媽媽烹煮的梅干菜蒸肉。梅干菜給我開胃、美味又滿足的確幸感，而背後的意義其實是來自家族的美好連結，是我心中不變的家常美好滋味！

梅干菜蒸肉

4人份

30分鐘

料理步驟圖

材料

梅干菜　1小捆
豬絞肉　500公克
醬油　2匙
水　適量

作法

1 梅干菜泡水10分鐘，洗淨、切碎備用。
2 將絞肉放入碗內，加入2匙醬油拌勻後，將切碎的梅干菜也一起加入拌勻（若喜歡多點醬汁，可多加1匙醬油和、1米杯的水）。
3 將作法2放入電鍋內鍋，外鍋放1杯水，蒸熟即可。

料理小撇步

- 選擇兩年以上的梅干菜，香氣較足。
- 絞肉選擇胛心肉，肉質較軟Q。
- 起鍋前，先用一支筷子戳入絞肉中，若是硬的，就代表全熟了；若仍有軟的部分，就再蒸至熟為止。

南部潤餅

入境隨俗的甜蜜滋味

Momofish的私房菜

我們家的南部潤餅，是傳承自我婆婆的婆婆。

我婆婆是客家人，清明時節只吃過草仔粿，嫁給高雄閩南人的公公後，才第一次吃到潤餅。婆婆說一開始吃不慣，只覺得潤餅是燙青菜加餅皮包著吃；觀察在地人的吃法後，才發現高雄人是吃一口潤餅，就在上面撒一匙糖粉。原本不嗜甜的婆婆，學習在地人的吃法後，才發現了另一個春天。

幾年之後，婆婆承接了製作潤餅的重任，便從此愛上潤餅，就算不是清明時節，餐桌上也會時不時出現潤餅。

在家裡包潤餅，最有趣的就是，很有自家風格！每個人都包得滿滿一大捲，沒有人將它包成印象中常見的細長狀。

潤餅具有傳承的意味，我跟婆婆一樣，也是因為嫁了人，來到婆家，才有機會吃到這甜滋滋的潤餅好味！

南部潤餅

10人以上

3小時

料理步驟圖

材料

芹菜 1大把
蒜苗 5根
高麗菜 6葉
木耳 10片
甘蔗雞 半隻
大黃瓜 1條
蛋 5顆
鹽 適量
香腸 4根
豆干 5片
綠豆芽 1袋
潤餅皮 10兩
花生粉 適量
糖粉 適量

作法

1 將芹菜切小段；蒜苗斜刀切；高麗菜切粗條；木耳切粗條，並分開炒熟後備用。

2 將甘蔗雞剝成絲狀；大黃瓜去皮、去籽、刨絲後備用。

3 加入少許鹽打散；接著，將蛋液倒入平底鍋中煎成蛋皮，並將蛋皮切成絲狀備用。

4 將香腸、豆干煎熟後，切成條狀備用。

5 取一片潤餅皮，撒上花生粉，依序鋪上乾性食材（甘蔗雞、蛋皮、豆干）；接著，加入蔬菜類（高麗菜、綠豆芽、木耳……等等）。

6 最後撒上糖粉，再將潤餅皮捲起，包住所有食材即可。

料理小撇步

●撒上花生粉，可以延緩潤餅皮受潮的速度，避免餅皮破掉。

麻油雞米糕

朝思暮想的媽媽味

許小熊手作小天地的私房菜

這道「麻油雞米糕」是我從小吃到大的媽媽味。

不只冬季，只要想吃，心裡就會浮現陣陣的麻油香，就像爸爸媽媽的溫暖環繞著我。

每每回家，一進到屋裡，就迎來爸媽慈祥的笑容，對著我說：「來，洗手，緊來呷飯……」。

「家」，是每個人的避風港，外出讀書、工作，總能接到家人溫暖的問候：「吃飽了沒？」現在嫁出去了，不再每天回家，因此每回在外頭，只要聞到陣陣麻油香，就又思念了起來……

幸好，每次回娘家時，爸媽都會為女兒準備滿滿的食物，還霸氣地說：「在先生家吃苦就隨時回來，娘家是妳的後山！」爸媽對女兒的擔心與疼愛，全都濃縮在這道料理了。

麻油雞米糕

2～3人份

1～2小時

料理步驟圖

材料

雞肉 半斤
老薑 8片
糯米 2杯
麻油 4大匙
鹽 少許
米酒 少許
水 1杯半

作法

1 將雞肉塊清洗、去血水，並汆燙後備用。
2 薑切薄片（可依個人喜好，決定薑的用量）；糯米洗淨備用。
3 熱鍋，倒入麻油，接著，放入薑片，轉小火煸炒至捲起；加入雞肉煸炒10分鐘左右，再放入糯米、鹽拌炒均勻。
4 關火，淋上米酒及少量麻油，加入1杯半的水。
5 將拌炒均勻的麻油雞米糕放入電鍋內，外鍋一碗水，蒸煮2小時即可。

絲瓜麵線

懷念的阿嬤滋味

鄭燦華的私房菜

第一次吃到絲瓜麵線，是在我小二的時候，還記得那時只要上半天課，下課後總會到阿嬤家待著，而阿嬤為了讓我們吃到她精心準備的好料，總是在廚房裡忙進忙出，那一次吃到絲瓜麵線，就此愛上了這道料理；絲瓜清甜的口感，搭上滑順的麵線，讓我一吃就難忘。

後來，阿嬤離開了，雖然我再也吃不到她煮的絲瓜麵線，但或許是從小跟在她身旁，耳濡目染，我也成了一個喜歡料理的人。

某一天，又想起這道美味的絲瓜麵線，試著自己重現，記憶中的美味就這麼回來了；只可惜，已經沒有機會讓阿嬤品嘗了。

絲瓜麵線

2人份

20 分鐘

料理步驟圖

材料

絲瓜　半條
薑　2片
蔥　1根
沙拉油　適量
水　適量
麵線　60克
鷄粉　適量

作法

1 絲瓜去皮、對切後，再切小塊；薑片切細絲；蔥切段，蔥白和蔥綠分開，備用。

2 熱鍋，倒入少許沙拉油，將蔥白爆香。

3 將絲瓜和薑絲放入鍋內，稍微拌炒，再加入水，蓋過絲瓜（不用蓋鍋蓋燜煮，只要開小火燜即可）。

4 另起一鍋水，煮開後，下麵線；煮好後，撈起瀝乾，備用。

5 將作法3的絲瓜煮軟，再將蔥綠和麵線倒入，加入少許雞粉調味，即可起鍋盛盤。

煎烤味噌醬醃豬五花

方便又簡單

堯媽咪小廚房的私房菜

每天接女兒放學時，她上車的第一句話一定是：「今天晚上吃什麼？」

我是一名職業婦女，但這麼多年來，我堅持每天煮晚餐，我想，這就是家吧！可以簡單，但卻飽含情感，這是食物的力量，是家的記憶。

下班回到家還要做晚餐，這對許多職業婦女來說，真的不容易。所以快速又可兼顧美味，是我最好的選擇。這道料理有味噌醬的醬香、五花肉的油香，當這兩種香味碰在一起，迸發出最美妙的絕佳滋味！切成薄片的五花肉片，搭配大蒜、蒜苗、洋蔥絲或青蔥，各有不同的美味展現。

可趁著假日，先用味噌醬將五花肉醃製好；正式料理的時間只需三十分鐘，將它送進烤箱後，還可以兼顧其他瑣事，是很方便做的料理喔！

煎烤味噌醃豬五花

3人份

30分鐘

料理步驟圖

材料

五花肉 1斤
蒜苗 1根
醃料
味噌醬 1小茶匙
米酒 1小茶匙
味醂 1小茶匙
蒜頭（切末） 2瓣

作法

1 將五花肉擦乾水分，將醃料調勻，均勻地抹在五花肉上，放進保鮮袋中，封緊袋口，放入冰箱醃製冷藏5小時左右。（過程中，可以隔著保鮮袋稍微搓揉肉條，幫助入味。）

2 將蒜苗斜切備用。

3 將醃好的肉條取出，用餐巾紙擦乾淨，不須水洗，兩面稍微煎一下後，就可以改用烤箱烤。

4 以上下火200度，烤10～15分鐘即可。可用叉子或刀子確認是否有熟，熟了即可切片擺盤，搭配蒜苗食用。

料理小撇步

● 由於肉醃過味噌醬，煎的時候容易燒焦，請務必用小火，煎至三分熟，即可改用烤箱烤。

蒜味滷豬排

一吃就上癮

金箔的健康煮的私房菜

小時候，我們家開自助餐店，負責掌廚的是爸爸跟阿嬤，這道蒜味滷豬排，就是當時店裡的特色菜。那時家裡經濟並不好，要吃到這樣的肉排不容易，因此店裡出現這道菜時，總讓我口水直流。阿嬤喜歡滷東西，在家裡她也時常滷一鍋主餐，為的是讓工作回來的叔叔們，隨時都有香噴噴的醬汁可以拌飯吃；雖然裡頭的豆干總比肉還多，但光是拌著醬汁，大家就吃得好滿足。

小時候吃到蒜味滷豬排時，沒機會把食譜記下來，長大想吃，只能自己試食譜，調來調去總覺得少一味，才發現關鍵是在蒜頭。我們家的蒜味滷豬排之所以與眾不同，是因為放了很多雲林蒜頭，香氣和味道都變得濃烈，這是家裡特有的滷汁風味。豬肉的部分，特別選用中里肌，因為油脂比大里肌來得多，排骨口感才會軟嫩不乾柴，搭配著濃濃的蒜味，就是一道滿分的便當菜。

蒜味滷豬排

6人份

60 分鐘

料理步驟圖

材料

中里肌肉	500公克
豆干	150公克
鵪鶉蛋	240公克
蔥	2根
薑（切片）	4片
大辣椒	1根
雲林蒜頭（切片）	7瓣
粹釀醬油露	80毫升
五香粉	1茶匙
熱開水	400毫升
麥芽	適量
醃料	
粹釀醬油露	5毫升
醬油膏	10毫升
冷水	30毫升
雲林蒜頭（切碎）	1瓣
五香粉	少許
地瓜粉	30公克

作法

1. 中里肌以斜刀切約2公分厚，用肉槌均勻打薄。
2. 將醃料拌勻，並將每片豬肉放入抓勻，醃40分鐘，過程中，攪拌兩次。
3. 將鵪鶉蛋和豆干洗淨備用，蔥、薑、辣椒以小火爆香。
4. 加入蒜片炒香，並倒入粹釀醬油露和五香粉煮滾。
5. 加入熱開水和麥芽，煮滾後，再放入豆干和鵪鶉蛋滷煮。
6. 蓋鍋蓋，以中火煮至豆干膨脹（膨脹後的豆干會產生孔洞才會入味），轉小火續煮。
7. 起油鍋，並轉中大火，高溫炸中里肌肉，成形即可。
8. 將作法6轉中火，放入作法7肉排，煮滾後，轉小火，煨煮15～20分鐘即可。

料理小撇步

- 個人習慣使用泰山或統一芥花油，用鐵製品炸鍋，油溫拉高速度較快。
- 如果食材新鮮，不須加入太多滷包香料，以保留食材原有的風味。
- 買回來的肉條可先放置冷凍，冰到稍微硬一些，比較好切。
- 先炸里肌肉，是為了鎖住肉排水分，放入香濃的蒜味滷汁中熬煮，肉排會完全吸收滷汁，充分入味！

蒜苗滷花豆豬五花肉

代代傳承的佳餚

Feng Lin的私房菜

這道「蒜苗滷花豆豬五花肉」，不僅有Q彈的豬五花肉，還有吸滿肉汁精華與醬香口感鬆綿的花豆，配上香氣十足的蒜苗，讓這道滷肉更顯清爽豐富。

這道菜的巧思來自阿嬤，從阿嬤開始，教給媳婦，媳婦再教女兒，最後成為我們家綿延不斷的家傳美味料理。因為色、香、味俱全，每次上桌，都成為讓大家多吃好幾碗飯的秒殺佳餚，而我們總是一邊吃著飯菜，一邊談論過去那些阿嬤的美好餐桌時光。這滷肉對我們來說，不只是一道美食，也是裝滿了回憶的傳家寶。

蒜苗滷花豆豬五花肉

6～8人份

45分鐘

料理步驟圖

材料

蒜頭	6～8瓣
辣椒	1根
蒜苗	3根
油	少許
豬五花肉	600～700公克
紅蘿蔔	半～1根
花豆	600公克
水	700毫升
調味料	
米酒	2大匙
醬油	3大匙
糖	1～1匙半茶匙
胡椒粉	少許

作法

1 將蒜頭輕拍碎裂，辣椒切斜片（若不要辣，只取香氣可不切），蒜苗切段備用。

2 五花肉切1公分寬長塊狀。

3 開小火熱鍋，放入少許油，再放入蒜頭煎出香氣。

4 放入肉塊，將豬肉煎至兩面微熟；再放入紅蘿蔔、花豆拌炒。

5 待至紅蘿蔔呈半透感，再放入蒜白、辣椒炒香；加入調味料，拌炒至肉上色。

6 加入水（約蓋過食材的量），以中火煮滾，改小火，蓋鍋蓋燉煮，約25～30分鐘。

7 起鍋前，加入蒜葉，稍微拌炒即可關火、盛盤。

辣味水晶涼麵

夏天的冰涼口感

靜姐廚房的私房菜

也許是客家人的關係，我對從小吃到大的客家三角圓，總有一種說不出的情感與偏愛。

小時候，天天看著長輩們調和著麵粉的比例，揉成麵糰，再製成客家美食拿到市場販售；而在每一次製作後，總會留下些許的麵糰，用來製作成水晶涼麵——水晶涼麵是我們客家庄裡隱藏版的美食，更是我的最愛。

現在長大了，離開家鄉在外地生活，家鄉的美食總讓我念念不忘，因此，有時做客家料理總會刻意製作些麵皮，只要隨意地把麵糰擀平，再切成條狀，經過沸水煮熟後，淋上辣味醬汁，就是一道Q彈爽口的美食；一口吃進嘴裡，兒時的美好記憶也再次湧現了。

2人份

20分鐘

料理步驟圖

辣味水晶涼麵

材料

- 太白粉 3大匙
- 地瓜粉 1茶匙
- 有色粉 少許
- 食用油 1／4匙
- 沸水 適量
- 小黃瓜絲 適量
- 醬油 1茶匙
- 烏醋 1／4匙
- 香菜 1～2株
- 花生碎粒 適量

辣味醬
- 蒜頭 2瓣
- 辣椒 少許
- 蔥末 1根
- 乾辣椒（粉或粒） 少許
- 白芝麻 1茶匙
- 糖 3公克
- 鹽 適量

沖拌油
- 食用油 3大匙
- 香油 1大匙

作法

1. 將太白粉及地瓜粉倒入碗中，加入各色有色粉及沸水，揉成糰後，擀開，切條。
2. 另準備一個碗，將辣味醬的所有調味材料放進碗裡。
3. 製作沖拌油：將食用油、香油倒入鍋裡燒熱，然後沖入作法2的醬料裡拌勻，再加入少許醬油、烏醋及香菜攪拌均勻。
4. 將作法1的麵條放入滾水中煮熟後，以冷開水洗去黏液，放進盤中，再擺放小黃瓜絲，並淋上作法3的醬汁，最後撒上花生碎粒。
5. 食用時，將麵條和醬汁攪拌即可。

料理小撇步

●不敢吃辣的人，只要撒上油蔥酥、醬油、香油及香菜，就是道地的客家吃法了。

薑絲燉肉

懷念媽媽之情

妮媽咪の料理的私房菜

這道私房菜，是源自母親的手藝。當我年幼時，她費盡心思、尋覓偏方、燉煮美食，希望體弱的女兒，長得健康些。不過，「樹欲靜而風不止，子欲養而親不待也」，如今已為人母的我，希望盡孝雙親時，父母卻早已離世，令我十分感慨。

千言萬語說不盡，只能憑著記憶，慢慢嘗試，做出母親的私房菜，讓我的孩子品嘗美食，也同時能慎終追遠。

這道菜就是取材容易、做法簡單，很下飯、且開胃的薑絲燉肉。

薑絲燉肉

3人份

30分鐘

料理步驟圖

材料

豬肉絲 400公克

薑 100公克

海鹽 1湯匙

作法

1 將豬肉切絲，薑去皮、切絲備用。

2 將海鹽撒在豬肉絲上，並抓捏拌勻；接著，將薑絲拌入。

3 電鍋外鍋放一杯水，將作法2放入電鍋燉煮。

4 電鍋開關跳起後，繼續燜10分鐘；待熟透，即可食用。

輯貳

一生難忘的經典佳餚

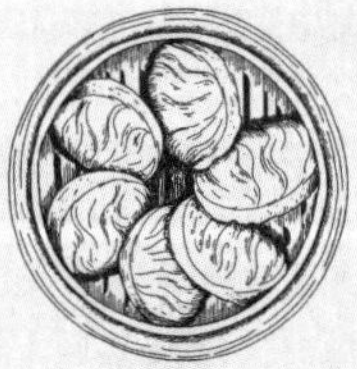

無論是年節，或是聚餐，
餐桌上總會有一道菜讓你目不轉睛，
是那令人驚豔的豪華宴客菜？
還是那經過一代傳一代的經典佳餚？
跟著廚人們一起做出麻辣砂鍋雞的嗆辣香氣，
和家人們品味紅燒獅子頭的軟嫩口感……
所謂經典，就是怎麼吃都不膩，
嘗一口，終生難忘。

古早味廚房

經典佳餚篇

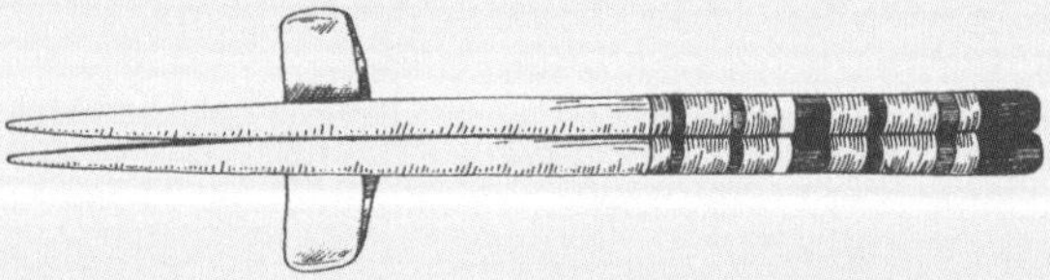

一家人的中央廚房，引以為傲的杜婆婆

今年六十七歲的杜月琴婆婆，是搬到台灣的山東人，雖然從小就在台北長大，依然承襲了外省長輩的好廚藝，對北方菜特別擅長。

小時候，杜婆婆的家裡開館子，所以她從小就吃過爸爸、師傅煮的許多餐廳大菜；而她從拿得動鍋碗瓢盆開始，就已經會煮飯給兄弟姊妹吃——因為家中的孩子，只有她不怕進廚房、不怕下鍋的熱烈聲響，也不怕那激烈四濺的油，因此在爸媽忙碌時，她就是孩子們的中央廚房。

杜婆婆談到外省菜的特色就是，北方偏鹹，南方偏甜；但這只是一般對外省菜的認知統整。對她而言，外省菜的特色就是不分時間，隨時都可以吃到。

像是滷菜、紅燒肉，如果一餐吃不完、冷凍起來，下午肚子餓，只要拿出來放入電鍋蒸一蒸，就可以配麵或饅頭。而她最喜歡的菜餚是茄子，只要有一條紅燒茄子，就可以配一碗飯。杜婆婆也喜歡在孩子們的便當裡，準備好吃的茄子料理。婆婆笑說，外省菜的特色就是經濟實惠又好吃！

因為丈夫的媽媽早逝，嫁人之後，掌廚的也是杜婆婆。她笑著說：「我公公、老公這輩子吃的好料，大都是我煮的。」但也有一些記憶中的味道，她找不回來，像是兒時嘗過家中餐廳的師傅手藝——福州丸和肉絲蛋炒飯，一直讓她念念不忘，於是四處尋覓，卻始終找不到一樣的味道，只能讓美味停留於記憶中。

杜婆婆這輩子其實沒有正式在外面上過班，但年輕的時候教過中文，學生是一位日本太太，沒想到教啊教，中文課竟加入了料理課，每兩個星期，杜婆婆就會教他們幾道中式料理。「我真的好喜歡做菜，到現在都是。」她說自己巴不得每天都能做菜給孩子吃，就像個實現美夢的廚師，讓孩子們任意點餐。

對料理的天分與熱情，妝點了杜婆婆的童年，也占據她人生中極重要的戲份。結婚時，朋友送她的禮物就是一本食譜書，到現在偶爾還會拿出來翻閱。這本已經有四十多年歷史的食譜裡，洋洋灑灑全是大菜，杜婆婆每一道都會做，但也每一道都做得不同，有她自己的味道。

每年過年，杜婆婆一定會幫家裡準備「醬肘子」，因為太費工夫，除了逢年過節，平常不會特別花時間做。不過一旦做好，就可以冷凍起來，想吃的時候再拿出來配酒，與家人一起享用。

「醬肘子」是年夜飯桌上閃著光的主角，也是初二回娘家團聚時的壓箱寶；這道菜，串起了一家人的心，嘗盡舌尖上的故事。

訪問的過程中，婆婆一邊展現好廚藝，一邊說著精彩的故事和一口好菜；她臉上透著光，以及滿滿的笑，是她對料理藏不住的熱情和喜愛。那天，在一個平凡的廚房裡，卻有著了最了不起的米其林大廚。

Infor

姓名：杜月琴
年齡：67
廚齡：47
族群：外省人
擅長料理：懷舊佳餚

吃出人生百味
醬肘子

5～6人份

4小時

材料

冰糖 1茶匙
豬肘子 2斤半
壺底油 50毫升
素蠔油 100毫升
水 400～500毫升
米酒 2茶匙
蔥 1把
薑 2片
八角 2顆

料理小撇步

- 偷懶的話，可以使用老抽代替炒冰糖，不過使用冰糖有特殊的香氣。
- 醬肘子跟紅燒肘子不同，紅燒的湯汁比較多，所以做醬肘子一定要把醬收乾一點。
- 完成的醬肘子放涼後，放進冷凍庫冰鎮一下，才會更好切片，皮也會更Q更好吃。
- 醬肘子除了單吃，也可以搭配芝麻燒餅，塗上一些肘子醬，簡直人間美味。
- 肘子三肥七瘦最剛好，皮要夠大，要包住一半的瘦肉。
- 如果要宴客，想讓肘子看起來油亮亮的話，可以塗上一層麥芽糖。

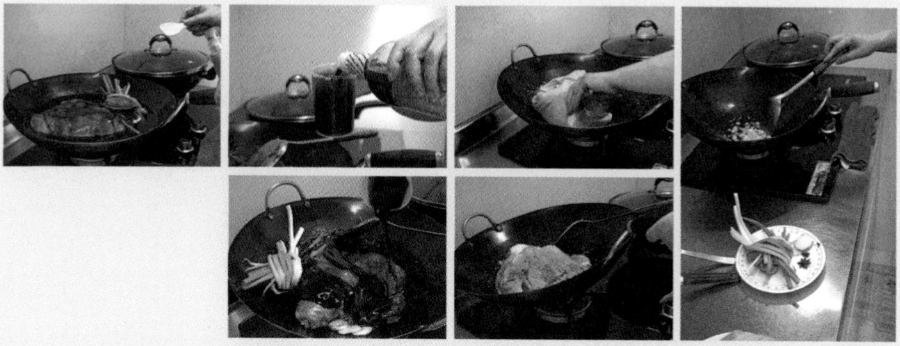

作法

1. 將冰糖炒至焦糖色（一步都不能離開，一變成焦糖色，就要趕快把肘子放下去上色，以免炒過頭會變苦）。
2. 將肘子有皮的那一面朝下放入鍋中，表皮均勻上色後再翻動，讓每一面都呈現焦糖色。
3. 倒入壺底油、素蠔油、水及米酒，至少蓋過肘子的一半。
4. 放入蔥、薑、八角，轉小火，慢慢燉煮讓肘子入味（每半小時就要查看一次；如果汁已經收乾，可以再加100毫升的水繼續燉煮，直到皮燉軟）。
5. 大約燉煮2小時，湯汁收乾，表皮軟嫩，肘子入味即可。

山東燒雞

一吃就上癮的家傳菜

陳太太的菜菜味的私房菜

多年前，我有幸品嘗到屬於同事的家傳手路菜——山東燒雞，便從此愛上這道料理。

這位同事是孔子的後代，而這道家傳菜，一路陪著他們從山東到韓國，再到台北；離家遙遠，但至少餐桌上還有這一道菜，讓他們能回憶家鄉的味道，同時也擄獲了我這個外地人的味覺。

這道手路菜，讓人一吃就上癮！卻不好意思再去蹭飯，只好發揮身為太太的實驗精神——自己動手做！憑著只吃過一次的印象，料理出屬於自己的山東燒雞。我也端了讓同事嘗嘗，他非常驚艷，直說有個「七分樣」。老公吃了滿意，兒子則是頻問明天能不能再吃一次，我想這山東燒雞是及格了。

山東燒雞

4人份

1小時

料理步驟圖

材料

仿土雞雞腿	2支
沙拉油	1～2碗
辣椒	1根
香菜	1把
小黃瓜	2根
鹽	適量
醃雞調味料	
米酒	1大匙半
胡椒粉	1小匙
醬油	2～3大匙
蒸雞調味料	
蔥（切段）	1根
薑（切片）	4～5片
花椒	1大匙
八角	1～2顆

醬汁

蒜泥	1～2大匙
醬油	3大匙
烏醋	3大匙
香油	1匙
味醂	2大匙
蒸雞湯汁	2～3大匙

作法

1 將醃雞調味料塗勻在雞肉上，放入冰箱醃1小時以上，備用。

2 熱鍋，加入沙拉油，燒熱至高溫。

3 把雞肉放入高溫油鍋內煎炸，雞皮朝下，直到表面呈現深金黃色後取出。

4 將作法3的雞肉放在盤中，並加入蔥段、薑片、八角及花椒，放進電鍋蒸20分鐘後，取出，放涼備用。

5 製作醬汁：磨蒜泥，在蒜泥中加入所有的醬汁調味料；接著，將作法4的雞肉取出，濾出雞汁，並拌入，即完成醬汁。

6 將辣椒切小片；香菜洗淨切段，泡冷開水，備用。

7 小黃瓜洗淨擦乾，表面抹鹽，約醃15分鐘。接著，將小黃瓜表面的鹽巴洗淨後，切段、拍碎備用。

8 將作法4放涼的雞肉撕開，放入大碗或鍋子裡。加入香菜、辣椒片及一半醬汁拌勻。

9 將雞肉擺在小黃瓜上。淋入剩下的醬汁，即完成。

台式海苔雞捲

三代傳承的演變史

Sabine Kuo的私房菜

海苔雞捲是外公傳授給媽媽的手路菜。外公是總舖師，媽媽習得了外公的好手藝，因此在我從小到大的記憶裡，充滿了不少媽媽煮的美味料理。

這道台式雞捲裡面加了海苔，是比較少見的作法——我想是外公獨特的創意吧！聽說最早期還會在裡面包入鹹蛋黃，讓雞捲切面更亮眼；而這道菜早年也是黑松大飯店裡的菜色。

一般餐桌上出現雞捲，通常都是喜慶，或是節日的時候，但在我家，媽媽有空，也會做給我們吃，像一場盛大的打牙祭。

近年來，因為常吃日式料理，很喜歡炸物配蘿蔔泥、日式醬油沾醬的吃法，讓炸物吃起來比較不油膩，因此我靈機一動，拿雞捲搭日式沾醬，又讓我們家的雞捲有了新吃法。說起來，這可是三代家傳味的演變史呢！

台式海苔雞捲

9人份

1.5小時

料理步驟圖

材料

洋蔥	1顆
荸薺	半斤
蔥	3根
絞肉	1斤
魚漿	半斤
鹽	適量
糖	適量
白胡椒	適量
豆皮	3張
海苔	9張

作法

1 將洋蔥、荸薺、蔥切成末，備用。

2 將絞肉、洋蔥末、荸薺末、蔥末、魚漿拌勻，加入鹽、糖、白胡椒調味。

3 一張圓形豆皮可做出三條雞捲，在豆皮上，先鋪上一層作法2肉餡，放一張海苔片，再鋪一層肉餡，捲緊，將捲痕朝下定型（豆皮不可以先裁，要邊捲邊裁）。

4 放入油鍋，以中火炸至金黃色，瀝油、切塊，即可享用。

豆皮福氣捲

美味茹素年菜

斑馬太太的私房菜

依稀記得，媽媽曾有一段時間不吃葷，而這道豆皮福氣捲，就是在她茹素時期，聽聞別人分享作法，再回自家廚房研發出來的手路菜。因為外型好看，當時特別作為我們家的年菜之一。但媽媽走隨興路線，常常一道菜做個一兩次後，就不再見她端上桌。

事隔多年，某天一家人相聚時，偶然聊起這道豆皮福氣捲，我們母女倆翻箱倒櫃，找出當年照片，一邊看著照片，一邊回想材料和製作方法；完成之後，一家人一起品嘗，那一刻彷彿時光倒流，想起許多回憶。

豆皮福氣捲

10人份

1小時

料理步驟圖

材料

四季豆	10根
紅蘿蔔	1根
鹽	適量
日本素火腿	1／4條
香菜	適量
酸菜	半杯
非基改生豆皮	10張
胡椒	適量
海苔	1包
花生粉	半杯
粉糊	
水	2大匙
酥漿粉	3大匙

作法

1 四季豆切段、紅蘿蔔切條，用鹽水汆燙，放涼備用。

2 將素火腿切片、煎香，再切條狀；香菜切末、酸菜切末炒香。

3 將生豆皮攤開呈長條狀，表面撒上少許鹽、胡椒，先放上一片海苔，再集中疊上四季豆、素火腿、紅蘿蔔、酸菜末、香菜末、花生粉；接著，將它捲起來，尾端用麵粉糊黏起，避免散開（類似包壽司捲）。

4 裹粉糊，下油鍋炸至金黃色，盛盤即可。

花團錦簇香菇鑲肉

華麗的宴客菜餚

Viki自由揮撒kitchen的私房菜

七〇年代時，台灣經濟起飛，當時父親專注於工作，母親總一邊在父親身旁幫忙著，一邊照顧著三個小蘿蔔頭。

當時媽媽忙碌得沒辦法好好做菜，卻又想讓我們吃得營養健康，於是這道食材簡單、沒有過多調味的「香菇鑲肉」，便時常出現在家裡的餐桌上，成為熟悉的媽媽拿手菜。

長大後，懷念媽媽的味道，也想復刻這道菜，就自己試著做做看。

香菇鑲肉本身作法簡單易上手，我改變了一下作法，加入蝦子，讓它華麗變身成一道宴客菜！

花團錦簇香菇鑲肉

2人份

30分鐘

料理步驟圖

材料

- 雞腿絞肉　150公克
- 香菇　8朵
- 太白粉　少許
- 白蝦　8隻
- 毛豆　數顆

調味料

- 醬油　適量
- 白胡椒鹽　適量
- 味醂　適量
- 米酒　適量
- 枸杞　8顆

作法

1. 雞腿肉用攪拌機打成絞肉（用豬絞肉也可以）。
2. 將調味料全部加入作法1，用手抓勻，可以稍微摔打，讓肉產生筋性。
3. 香菇洗淨後，切掉蒂頭，沾裹少許太白粉。接著，將絞肉塞進香菇裡，要稍微往下壓緊，以免掉落，表面再撒上少許太白粉。
4. 蝦子洗淨、去腸泥後，從中間畫一刀，增加美觀。
5. 將蝦子及毛豆放在作法3絞肉上。接著，放入電鍋蒸熟，外鍋放入1／4杯水。
6. 蒸熟的絞肉會滲出湯汁，將湯汁淋回絞肉上，增加濃郁風味，再加上枸杞裝飾就完成了！

料理小撇步

- 香菇裹上太白粉，是為了不讓蒸熟的鑲肉掉落。
- 也可以使用香氣較足的乾香菇，但要先用水泡軟。

紅燒豆腐獅子頭

舌尖上的綿密口感

朱麗安廚房的私房菜

記憶中，在農曆年前兩個月，家家戶戶就會開始張羅年菜，忙進忙出，瀰漫濃濃的過年氣氛，耗工費時的菜色只有在年夜飯才能一飽口福。

而這道紅燒豆腐獅子頭，是老媽在年夜飯必備的一道菜。球狀肉糰落入油鍋，瞬間吱吱作響，顏色慢慢由粉白轉焦黃，陣陣肉香讓駐足觀看的我直吞口水，更別說吃飯時家人們舉筷有如搶頭香的情景。

豆腐獅子頭色澤誘人，細肉與豆腐纏綿出滑嫩口感，豆腐不搶戲徐徐釋放淡雅豆香，入口齒頰清爽不膩，味道自成一格。

近年，老媽的堅持終究被歲月擊退，也敵不過兒女連哄帶騙，讓她放下鍋鏟。即便如此，家人團聚的餐桌上，這道菜一直沒有缺席。雖然換我掌廚，味道無法原味重現，但老媽夾起一塊細品之後，揚起嘴角笑著說：

「八九不離十！」

兒時往事可能我們已經淡忘，嘗過的美食不見得都能琅琅上口。水過無痕，留下一片靜美；往事已遠，味覺記憶獨留一抹芳香。

紅燒豆腐獅子頭

4人份

50分鐘

料理步驟圖

材料

板豆腐	200公克
大白菜	300公克
乾蝦米	30公克
豬絞肉	350公克
水	60毫升
雞蛋	半顆
調味料A	
薑泥	1大匙
蔥（切末）	1大匙
米酒	2大匙
醬油	1大匙
鹽	1茶匙
香油	1茶匙
白胡椒粉	1／4茶匙
太白粉	1茶匙

調味料B	
蔥（切段）	2根
薑	3片
米酒	1茶匙
高湯	500毫升
醬油	2大匙
鹽	適量

作法

1. 將板豆腐壓成豆腐泥；大白菜切大塊；蝦米泡水，備用。
2. 將豬絞肉再剁細，用刀背拍打出黏性，然後摔肉出筋。
3. 將60毫升的水，分兩次加入豬絞肉裡，一邊徐徐加水，一邊以同一方向不停攪拌，直到水被肉吸收為止。
4. 將調味料A、半顆蛋液加入拌勻，使豬絞肉保有滑嫩口感。
5. 加入豆腐泥，也以同一方向攪拌，與豬絞肉充分融合。接著，將攪拌完成的豬絞肉，用手掌塑形成圓球狀。
6. 起油鍋，將獅子頭下鍋，以中火煎至表面金黃，即可盛盤。
7. 另熱鍋，先爆香蝦米、調味料B裡的蔥、薑，再將調味料B剩下的材料，以及煎炸好的獅子頭放入，燉煮半小時，再加大白菜煮至熟軟即可。

料理小撇步

- 獅子頭使用豬絞肉的最佳肥瘦比例為4：6。雖然這道食譜用的是全瘦肉，但做出來的獅子頭同樣軟嫩。
- 以雞高湯或大骨湯替代清水，味道更為鮮美。

梅香雞肉捲

嘗一口友情滋味

蜜塔木拉的私房菜

兩年前的夏天，和朋友一起在日本東北的家中廚房做梅子醬、泡梅酒，因為搬家至東京，原本以為無緣和朋友一起分享了，沒想到，她遠從東北來探訪，我馬上做了些料理，和她一起享用充滿兩個人回憶的梅酒。

泡在酒裡的梅子，每粒都飽滿豐碩，充滿著濃濃的梅子香。把梅子肉搗切成細丁，鋪在雞肉裡捲起來，蒸成雞肉捲，切成片之後，再煮個梅酒風味的辣蔥芡汁，淋在雞肉捲上，雞肉中吃得到梅子肉，雞肉鮮味中混合了梅果的汁液，滿滿的和風，又帶點中式感，一片接一片，停不了的爽口美味。

「好友」、「好酒」、「充滿友情的故事」，就像以前讀書常有「把酒言歡」一詞，原來是這樣的感覺呀，真是美妙的體驗！

梅香雞肉卷

2人份

40分鐘

料理步驟圖

材料

醃過梅酒的梅子 3顆
雞胸肉（去皮） 1片
日本三葉菜（香菜亦可） 適量

醃料
梅酒 1大匙
鹽 1小匙
胡椒粉 少許
香油 1小匙
薑泥 1小匙
蒜泥 半小匙

芡汁
水 150毫升
梅酒 1大匙
鹽 半小匙
糖 1小匙
紅辣椒 1小根
細蔥 1根
太白粉水 1小匙

作法

1 從梅酒中取出3顆梅子，並將梅肉搗切成碎丁，備用。

2 將雞胸肉去皮，從中間用刀劃開（不切斷），然後打開壓平；左右兩邊若有肉較厚的地方，也可以用同樣的方法，盡量將肉平均展開。

3 將醃料（薑泥和蒜泥除外）放入保鮮袋中混合均勻，再將雞肉放入。隔著袋子用手壓揉一下，靜置一晚，使之入味（沒時間也可以醃約10分鐘直接調理）。

4 取一張錫箔紙，將肉展開放在上面；接著，把薑泥、蒜泥和作法1的梅肉混合之後，抹在肉上。之後將雞肉從下往上捲起來，兩頭捲緊封住。

5 將雞肉捲放在平底鍋中央，加入一杯水，淹至雞肉捲三分之一的高度即可，將蓋子緊蓋，開大火煮至水滾。

6 轉中小火煮10分鐘，並翻動一下雞肉捲，再蓋上蓋子，小火蒸煮10分鐘。若鍋內的水不足時，可適當加少許水，切勿一次加太多水，以免雞肉因泡水而流失風味。

7 把蓋子打開，鍋底水氣蒸散後，關火。將雞肉捲從鍋中取出，靜置放涼。之後再連同錫箔紙放入保鮮袋中，放入冰箱一晚，隔天再從冰箱拿出來切片（因為是雞胸肉，別切太薄，容易碎掉）。

8 煮芡汁：將水、梅酒、鹽、糖、紅辣椒（去籽切細丁）、細蔥花，放入鍋中煮滾，轉小火，加入太白粉水勾芡即可。

9 在盤底鋪上日本三葉菜（或其他綠色蔬菜，用來增色、增添風味），將作法7切好的雞肉片放在盤中央，淋上作法8的芡汁，即可享用。

料理小撇步

●也可以使用雞腿肉，風味和口感不太一樣，依個人喜好決定。
●梅酒屬於甜味酒，因為是使用醃過甜味酒的梅子，所以本身會有一點甜味，可減少糖的用量。若使用一般醃梅，則必須考量鹽分和糖分，適度調整。
●若給孩童食用，可使用一般醃梅。調味料中的梅酒也可以省略。

自製梅酒作法

●將 1 公斤梅子、半公斤冰糖、1800 毫升的日本燒酎，加進瓶子裡，封緊瓶口，浸泡約 1 年半至 2 年左右。

甜酒釀滷雞腿

奶奶的祕密武器

溫刀灶咖的私房菜

記得小時候，只要閒暇時間，奶奶就會自己製作酒釀，每次製作大概要花上三、四天，每當裝瓶的那刻，家中就有絲絲的甜味充斥著。家人們時常拿來煮酒釀蛋，早餐會出現，宵夜也可能有。

雖然我沒有特別喜愛酒味，對於酒釀蛋或酒釀湯圓，也沒有太大的興趣，但偶爾奶奶把酒釀拿來醃肉、滷煮時，就會深深吸引我的五臟廟。

用酒釀滷肉，其原理就像日本料理中會使用鹽麴或酒粕一樣，可以使肉質軟化，口感和味道兼具，哪個小孩會不喜歡呢？連原本沒有食慾的我，都能一次吃好幾碗飯了！

如果家中有冬天買的酒釀用不完，可以試做看看這道料理喔！

甜酒釀滷雞腿

3人份

20分鐘

料理步驟圖

材料

仿土雞腿 1支（約400公克）
蔥 2根
薑 5片
蒜頭 3瓣
辣椒 適量
油 10毫升
醬油 2大匙
黑糖（或冰糖） 1大匙
水 200毫升
甜酒釀 4大匙

作法

1 將雞腿洗淨，擦乾水分；蔥切段；薑切片；蒜頭、辣椒洗淨備用。
2 起油鍋，將雞腿煎至兩面金黃色。
3 待雞腿兩面金黃後，放入醬油及黑糖，用小火慢炒直到出現糖色（火太大容易焦，會產生苦味）。
4 雞腿都上色後，加入的蔥、薑、蒜、辣椒拌炒一下，再加入水及2大匙的甜酒釀；水滾後，轉小火，加蓋上鍋煮15分鐘。
5 將所有辛香料挑出，再加入剩餘的2大匙酒釀，稍微拌勻即可盛盤。

麻辣砂鍋雞

難得可貴的一餐

小毓の饗樂廚房的私房菜

還記得母親說過她的兒時回憶：外公靠飼養雞隻扛起家計，儘管如此，母親的便當盒中卻常常只有蛋和菜脯。只有在年夜飯時，外公才會殺一隻雞加菜，不過也因為那年代重男輕女的傳統觀念，所以通常最美味的雞腿很少有機會輪到她吃。

在生活環境漸入佳境後，母親總會回想起那段艱辛的日子，並用她最喜愛的雞腿，為家人煮一鍋下飯又開胃的麻辣燒雞。吃進嘴裡的每一口，都讓母親有著酸甜苦辣的兒時回憶，也更加珍惜現在所擁有的一切。

麻辣砂鍋雞

4人份

25分鐘

料理步驟圖

材料

仿土雞腿	800公克
蒜苗	1根
蒜頭	15公克
老薑	10公克
油	1大匙
花椒粒	3公克
乾辣椒	5公克
辣豆瓣醬	1大匙半
調味料	
蠔油	1大匙半
細砂糖	2茶匙
水	100毫升
紹興酒	60毫升

作法

1. 將帶骨雞腿洗淨、剁成小塊；蒜苗切斜片；蒜切片；老薑帶皮洗淨切片，備用。
2. 鍋內倒入1大匙油，放入花椒粒，以小火炒出香氣後，取出。
3. 放入蒜片、薑片、乾辣椒，以小火爆香，再加入辣豆瓣醬炒香。
4. 放入作法1的雞腿塊，拌炒至表面上色。
5. 加入調味料，以中小火煮約10～15分鐘，醬汁略收至濃稠，且雞肉上色入味，再放入蒜苗，略拌炒即可。

料理小撇步

● 炒花椒粒時，記得以小火慢炒，太高溫會導致花椒變苦。

絲瓜枸杞封肉

作畫一般的料理

娟娟廚房創意料理的私房菜

說到封肉，總會先想到苦瓜封肉，但每次煮苦瓜封肉時，孩子們都只吃肉，不吃苦瓜。有一天靈機一動，想說：那就來試試看絲瓜封肉吧！

我本身就喜歡研發料理，常常嘗試不同食材的搭配；料理就像作畫一樣，除了風味呈現以外，也要思考如何擺盤、配色，讓每道菜餚達到色、香、味俱全的效果。

這道絲瓜枸杞封肉，在絲瓜的綠上點綴了枸杞的紅，就像綠葉上有紅花陪襯，立刻讓這道菜看起來好吃又可愛。一口咬下去，滿滿的肉汁搭配著絲瓜的原汁，非常美味！

絲瓜枸杞封肉

10人份

50分鐘

料理步驟圖

材料

絲瓜	2條
絞肉	900公克
魚漿	400公克
紅蘿蔔（切末）	1／3根
洋蔥（切末）	半顆
蔥（切末）	5根
鹽	少許
鮮味精	1小匙
胡椒粉	1小匙
香油	適量
枸杞	適量

作法

1 將絲瓜去皮，洗淨切段，挖去囊中物，使其呈中空狀，備用。

2 將絞肉、魚漿、紅蘿蔔末、洋蔥末、蔥末、鹽、鮮味精、胡椒粉、香油，加在一起混拌均勻，靜置20分鐘，即完成內餡，備用。

3 將作法1的絲瓜填入內餡；煮鍋水，水滾後，將絲瓜封肉放進蒸籠，大火蒸10分鐘，即可起鍋。

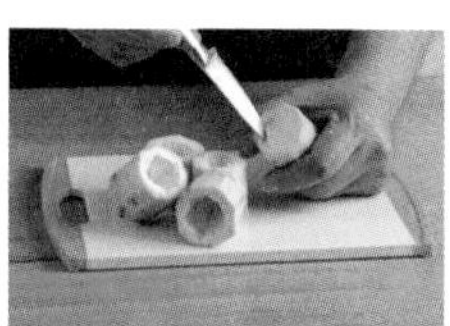

料理小撇步

- 絲瓜挖空時，要預留厚度，以免填肉時破掉。
- 蒸的時候要掌控火候及時間，只要所有食材蒸熟即可；蒸過久，肉會乾柴，絲瓜則會過軟，流失風味。

古早味廚房
經典佳餚篇

翡翠椒鑲肉

以家為名的回憶

火柴媽的私房菜

學生時期，每個週六的行程，都是回爺爺奶奶家陪伴兩老聊天。除了過年期間會在爺奶家用餐，平時都是大家帶著他們一起上館子居多。在邊聊天邊等待上菜時，一定要吃幾盤小菜才算完整，而「翡翠椒鑲肉」就是我們每回必點的一道小菜。

翡翠椒鑲肉的外觀，就像是家人間的相處：絞肉彷彿是在外所承受的情緒，五味雜陳；而翡翠椒則宛如「家」，是個能提供包容及關懷的避風港。

如今，每當看到這道菜，就能串起當年與爺爺奶奶一同用餐的溫馨景象，邊嘗這道菜時，邊聽父親訴說在外打拚的種種，爺爺以兒子為榮的眼神、奶奶關懷與不捨的愛憐，使我的印象十分深刻。

翡翠椒鑲肉吃的是回憶，每當父親看到這道菜，便會滔滔不絕地說起以前周末與爺奶上餐館的點滴，現在不用上餐館，做女兒的我隨時能端出這道菜，陪父親憶當年。

翡翠椒鑲肉

5～6人份

30分鐘

料理步驟圖

材料

翡翠椒	2包（約16根）
豬絞肉	500公克
醬油	2大匙
水	1大匙

調味料

素蠔油	1茶匙
米酒	2大匙
味醂	1大匙
香油	1茶匙
薑泥	10公克
蒜泥	10公克
丁香粉	5公克
白胡椒粉	適量

作法

1 翡翠椒去蒂頭、去籽；豬絞肉以所有調味料拌勻，醃製1小時，備用。

2 將醃製好的豬絞肉一一填進翡翠椒內。

3 起油鍋，將作法2以小火煎至表面金黃後，翻面續煎至金黃，以醬油和水混合後加入，蓋上鍋蓋燜約2～3分鐘。

4 燜至翡翠椒變軟，外皮微皺，即可打開鍋蓋，將翡翠椒翻面收汁即可。

魷魚螺肉蒜

獻給媽媽的愛心料理

健管師Serena的美味廚房的私房菜

母親是個忙碌的職業婦女，從我有記憶以來，她鮮少下廚，就算下廚，也只是煮些家常菜。但我卻熱愛下廚，對我而言，拿起菜刀和鍋鏟的瞬間，天大的煩惱都能一掃而空。

母親某天看著電視上的美食節目，轉過頭對我說：「我想吃魷魚螺肉。」央求著我煮給她吃。然而，長年旅居海外的我，根本沒聽過這道菜啊！看著媽媽期盼的眼神，我只好上網研究食譜，東奔西走地湊齊材料，反覆試驗作法，總算研究出這道食譜。也就是說，這是一道孝順的女兒獻給媽媽的愛心料理啊！

魷魚螺肉蒜

4人份

45分鐘

料理步驟圖

材料

豬肉絲 200公克
蒜苗 1根
芹菜 1根
乾魷魚 200公克
螺肉罐頭 1罐
水 半杯

醃料
醬油 1大匙
米酒 1大匙
水 1小匙
糖 1小匙
麻油 1小匙

作法

1 將豬肉絲用醃料醃製15分鐘，備用。
2 將蒜苗切段備用（綠色和白色的部分分開）；芹菜切段備用。
3 將豬肉絲炒至半熟，再將乾魷魚、蒜白和芹菜一起放入拌炒。
4 將螺肉、一半的螺肉湯汁、半杯水倒入拌炒。
5 煮滾後，轉小火慢慢燉煮20～30分鐘；最後放入蒜綠一起燉煮，5分鐘後即可上桌。

料理小撇步

- 也可以加乾香菇絲和蝦米，味道會更不一樣。
- 螺肉罐頭的湯汁不要全加，以免煮出來的料理太甜。

鮮蝦酸辣粉絲煲

豐盛滿足的大鍋菜

小潔的廚房記事的私房菜

以前家裡務農，大人們總是忙碌，一邊忙著農事，一邊照顧小孩。為了節省時間，母親總習慣炒一盤大鍋菜，把肉跟菜炒在一起，有時還會加入海鮮及麵，一鍋就能顧及孩子們的營養與健康。

印象中，那一大鍋口味偏重，配著白飯吃剛好！但吃著飯菜，常常吃到一半想喝湯，而這時母親則會往鍋子裡加入一些開水，把味道煮淡了，再撒些鹽調味。母親的料理其實並不花俏，也說不上技巧高超，但卻簡單又樸實，暖暖地滿足了全家人的胃。

鮮蝦酸辣粉絲煲

3人份

15 分鐘

料理步驟圖

材料

冬粉	3把
鮮蝦	15隻
紅辣椒	3根
洋蔥	半顆
蒜頭	4瓣
油	2大匙
雞高湯	500毫升
蔥花	適量
檸檬汁	1大匙半
調味料	
醬油	1大匙
蠔油	1大匙
鹽	1／4小匙
白胡椒粉	1／2小匙

作法

1 將冬粉以水泡軟，瀝掉多餘水分；鮮蝦剪去長鬚尖刺，去腸泥；辣椒切末；洋蔥切絲；蒜頭切末備用。

2 取一炒鍋，加入油，放入洋蔥翻炒一下；再倒入蝦子，拌炒至顏色轉紅。

3 加入蒜末及紅辣椒翻炒均勻（蝦子呈U型後先挾出，避免煮過頭）；倒入高湯、調味料，並以大火煮滾。

4 將冬粉倒入作法3鍋中煮軟，再加入蝦子，撒上蔥花點綴。

5 關火，盛盤，淋上檸檬汁即可。

雞肝醬

樸實又溫情的滋味

Olive&Dove的私房菜

過去，我曾在飯店擔任住房銷售業務，有機會參與企業客人的午餐會議，而他們通常都會選擇義式餐廳，因為一踏進餐廳，就會先看見一整排沙拉吧台，擺設著各式色彩鮮豔、香氣十足的開胃菜或冷溫沙拉，令人食慾大開。

上麵包盤時，另有橄欖油、肝醬給客人搭配麵包，其中肝醬最教我期待，只要抹上佛卡夏麵包後享用，就可以愉快地與客人一起等待主菜上桌。

盛夏時節，天氣熱吃不下飯時，突然想念當時所享用的肝醬，用肝醬搭配清爽的水果、小黃瓜、口感紮實的手作歐式麵包、吐司，或是蘇打餅乾，就是開胃的一餐。

雞肝醬

約400公克

10分鐘

料理步驟圖

材料

雞肝　300～400公克
橄欖油　適量
紅蔥頭　3瓣
鯷魚　2小隻
瑪莎拉酒　10～30毫升
鹽　適量
胡椒　適量
室溫奶油　少許

作法

1 將雞肝清洗，白色的膜也一併清除乾淨。
2 以橄欖油爆香紅蔥頭。
3 將作法1的雞肝放入鍋中煎，再放入鯷魚、倒入瑪莎拉酒。
4 用鹽、胡椒調味後，放入室溫奶油，用攪拌機打成泥，即可食用。

料理小撇步

- 如果吃不完，可以拿有蓋子的玻璃罐或器皿，放入冰箱冷藏。
- 可視個人喜好，調整瑪莎拉酒的用量。

豬皮凍

Q彈的好滋味

美國番媽的私房菜

我從小就對豬肉情有獨鍾，可能是因為家中務農，只吃豬不吃牛，因此特別善用豬的每一部位，能煮就煮，能吃就吃。每次只要阿嬤或媽媽，在廚房煮豬皮、豬腳、豬肉、滷肉飯，我就聞香而去，在一旁看著大人烹飪。懂事之後，只要有機會，我就躲在廚房內研發美食。

這道豬皮凍在美國東部不易完成，美國超市不賣豬皮，所以得特地開車去亞洲超市買，處理方式也與台灣不同，比較多工複雜，因為在殺美國豬時沒放血，所以腥味特別重，買回家後，要先用滷包煮過一次，才能開始處理皮毛；再經過隔夜的冰鎮更入味，皮質也更Q彈。

豬皮凍

4人份

25小時

料理步驟圖

材料

豬皮	1磅
水	適量
滷包	2包
薑	10片
蔥	2根
米酒	半杯
麻線	1段
醬油	5湯匙
烏醋	3湯匙
蒜頭	3瓣
紅辣椒	1根
洋蔥	半顆

作法

1 將豬皮放入鍋中，加水蓋過豬皮，再放入1包滷包，5片薑，1根蔥，1／4杯米酒，並以大火煮滾，轉小火再煮20分鐘。

2 將豬皮撈起、洗淨，再用刀把表面刮乾淨。

3 在豬皮上放一根蔥，捲起來用麻線綁緊，放入電鍋內鍋，加入水蓋過豬皮，並將醬油、米酒、烏醋、蒜頭、5片薑、紅辣椒、洋蔥、滷包放入，在電鍋外鍋放3杯水開始蒸。

4 蒸好後，取出放涼，用錫箔紙包起來，放入冰箱冷藏，隔天即可上桌。

輯參

來一口古早味點心

你聽過牛汶水嗎？
吃過黑糖製成的甜米糕嗎？
甜品的世界不該只有蛋糕和馬卡龍！
一起嘗嘗古早味點心，
感受上個世代細工慢作的懷舊氛圍。

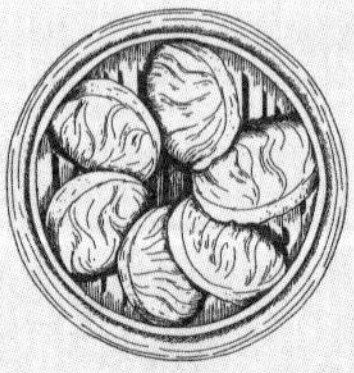

古早味廚房

點心篇

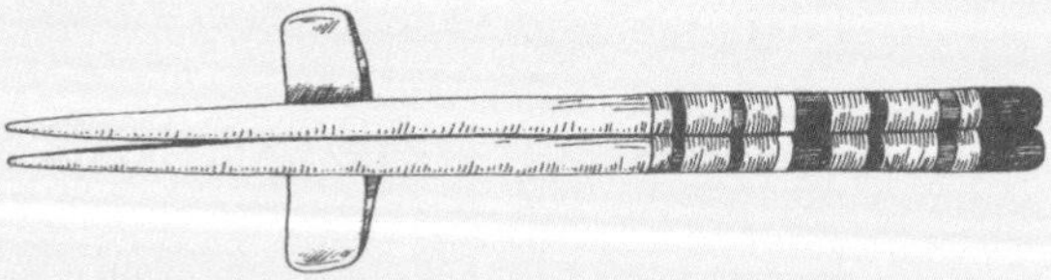

林阿姨用一碗甜湯，串起家的記憶

從阿嬤那輩開始傳承的古早味點心，串起林淑敏一家人的心。把食譜記錄下來，為的不只是守住最初的味道，也是將屬於一家人的回憶彌封，永恆地留存。

林淑敏阿姨一家人居住在新北樹林柑園地區，全家都是本地人，柑園是樹林區中唯一和市區不相連的土地，至今依舊保有純樸的鄉野景緻，古色古香的三合院也不少，今天來到這裡彷彿穿越時空，走進了古早風情的廚房。

擅長古早味甜點的林阿姨，其實是結婚之後才開始接觸烹飪，因為小時候

媽媽不讓她進廚房，沒什麼機會練習，反倒是結婚後，婆婆給了很多靈感和料理上的協助。

林阿姨的丈夫是長子，每逢過年，親戚們都會來家裡吃飯，她從婆婆那裡學到許多手路菜。也因為全家都喜歡吃甜品，在孩子們大了以後，她受家人的鼓勵，到台南學習豆花的作法。一碗豆花看似簡樸，背後要花費的工夫可不少，從挑選黃豆開始，中間須經歷泡水、磨碎、濾渣等不同階段的處理，再以大小火交錯的方式，慢慢熬煮，所有細節都必須用心對待，才能端出一碗讓自己滿意的豆花。

林阿姨回想起小時候，當時家裡沒什麼餘裕，偶有親戚們種的

烤地瓜可以吃，就是她孩提時代最期待的甜點；後來自己學習做甜點，彷彿是彌補兒時那個少了點心陪伴的自己。

在林阿姨一家人心中，「豆花」就是古早味點心的代表，在什麼都講求快速的現代，她的豆花卻依然遵循古法製作；透過豆花，也把想讓家人幸福的心意傳遞下去。

林阿姨笑著說「我的媽媽曾經跟我說過：『只要能在炎熱的天氣吃上一碗冰涼的手工豆花，就很幸福。』這句話，我一直記在心裡。孩子們則說：『看到媽媽做甜品很開心，而且不會有油煙的問題很放心，最重要的是，幾乎每天都有新鮮現做的點心可以吃，好幸福。』所以對我而言，做豆花，是我希望讓他們感到幸福的一種方法！」

說起古早味點心，林阿姨把豆花變成了生活的儀式，每晚飯後，一人一碗豆花，再配上她親手做的蜜紅豆或黑糖水，家裡人說說笑笑地聊著大小事，幸福的定義就是這麼簡單。

訪談至此，想起有人曾經說過，為自己珍視的人烹飪，其實是一件很親密的事，在製作的過程，希望把健康和美味加進去，期待看到滿足的笑容；這樣的心意，不正是種最浪漫的代名詞。

Infor

姓名：林淑敏
年齡：56
廚齡：34
族群：客家人
擅長料理：甜點類古早味

手工豆花 幸福味

10人以上

3小時

豆花

材料

黃豆 375公克
水 3公升
豆花粉 1包
冷開水 500毫升
豆花袋 1個

作法

1 將黃豆洗淨泡水5～7小時，瀝乾水分備用。

2 將黃豆與3公升水用冰沙機或果汁機分次打成泥狀，放入豆花袋中過濾。

3 將過濾好的豆汁放入鍋中煮至滾熟成濃豆漿。

4 將豆花粉和500毫升冷開水放入豆花桶中拌勻，再將作法3熱豆漿由高處沖到豆花桶中，靜置15分鐘，即凝結成豆花。

黑糖水

材料

- 貳號砂糖　250公克
- 黑糖　50公克
- 熱水　300毫升

作法

1. 將一鍋，煮熱水，另一乾鍋中放入砂糖。
2. 將砂糖以小火煮至融化開始冒泡泡，加入黑糖熬煮到完全融化，分多次加入熱水，呈濃稠狀即可。

蜜紅豆

材料

- 紅豆　1200公克
- 水　3600毫升
- 貳號砂糖　500公克

作法

1. 將紅豆多次洗淨、放入快鍋中，加入水，蓋上鍋蓋。
2. 先用大火煮開，轉中火，熬煮25～30分鐘。
3. 燜2～3小時，加入砂糖，攪拌至完全融化即完成。

什錦泡菜芋頭年糕

大口吃下的幸福

莪莪的私房菜

這道什錦泡菜芋頭年糕，傳承自我母親做菜的習慣——配料比主食豐富。因為女兒喜歡吃韓式年糕，但又不太敢吃辣，於是我靈機一動，把韓式年糕改良成偏中式的煮法——在年糕中加入櫻花蝦、香菇、芋頭、肉絲等食材，再加入鮮蝦、透抽，一口吃下，滿嘴配料，幸福感十足。

聽女兒頻頻說好吃，我心裡感到十分滿足。我想，料理就像一個連結，可以串起家人間的情感。這道什錦泡菜芋頭年糕，除了滿足女兒的胃口，也讓我能藉著做料理，再度喚起對媽媽的思念。

什錦泡菜芋頭年糕

3人份

15分鐘

料理步驟圖

材料

乾香菇 6朵
鮮蝦 10隻
花枝 50公克
小番茄 10顆
泡菜 30公克
蔥 1根
芋頭 100公克
米酒 100毫升
白胡椒 適量
香油 1匙
韓式年糕 200公克
薑 3片
肉絲 30公克
櫻花蝦 20公克

作法

1 將乾香以冷水泡開，切小塊，留香菇水備用。花枝、香菇、番茄、泡菜切小塊備用；蔥切蔥花；芋頭切小塊，放入電鍋蒸熟備用。
2 鮮蝦和花枝先用米酒、白胡椒、香油略醃製。鮮蝦洗淨後，剝殼，將殼留下熬高湯，蝦仁備用。
3 煮一鍋滾水，放入年糕，浸泡至軟化即可撈起備用。
4 起油鍋，爆香薑片，再接著放入蝦殼，拌炒，至蝦殼變紅，再放入米酒煮滾，熬成蝦高湯。
5 在作法4放入肉絲、泡菜、芋頭，拌炒出香味。
6 起油鍋，以小火爆香櫻花蝦，再放入香菇炒香；接著放入小番茄，再倒入香菇水和作法5的蝦高湯，可再加適量水煮滾。
7 煮滾後，放入蝦仁和花枝；接著，放入年糕，拌炒至稍微收汁；起鍋前撒上蔥花，加鹽調味即可。

牛汶水

客家人休憩時的點心

Psyche Chang 的私房菜

父親是客家人，因此我們時常跟親戚大夥們聚在一起吃客家菜，這道「牛汶水」就是聚餐時品嘗而來，因為作法特殊，特地回家摸索重製。

牛汶水是客家人耕田休息時品嘗的點心，是麻糬的一種。取名「牛汶水」，是因為麻糬在黑糖薑汁中，就像牛泡在水裡的模樣，中間的凹處像是牛戲水過後留下的凹痕；而「牛汶水」也是牛玩水的意思。

Q彈的麻糬，配上暖呼呼的黑糖薑汁，再加上營養又富有口感的芝麻粉和花生碎，是一道讓人吃了會十分懷念的傳統美食。

牛汶水

4人份

20分鐘

料理步驟圖

材料

配料
花生　適量
芝麻粉　適量

黑糖薑汁
黑糖　50公克
老薑　5公克
水　100公克

麻糬
糯米粉　135公克
水　95公克

作法

1 製作配料：將花生搗碎，備用。
2 製作黑糖薑汁：將黑糖、老薑和水放入鍋中煮滾，轉小火續煮10分鐘，濾掉老薑備用。
3 製作麻糬：將糯米粉和水混合，揉成糰狀，備用。
4 從作法3裡取1／10大小的糯米糰，捏成圓餅狀，放入滾水煮至浮起。
5 將煮好的糯米糰，和作法3原本的糯米糰揉勻，均分成12個糯米糰（即為麻糬），揉圓後，稍微壓扁，中間用手指按出凹洞。
6 煮一鍋滾水，將麻糬放入煮至浮起。在黑糖薑汁中放入煮好的麻糬，再撒上花生碎和芝麻粉即可。

客家菜包

七彩的天然原味

Allie幸福料裡的私房菜

菜包是我喜歡的傳統美食，也是在外婆家逢年過節必吃的點心。

它有一種令人懷念的獨特味道，外皮粉潤、口感軟嫩有彈性，深受家人喜愛，所以我決定自己做出記憶中的美食。

現在的菜包不再一成不變，出現多種作法。我發揮創意，將糯米粉融合紅麴，完全不添加任何防腐劑，讓菜包展現出原味的美好。

以紅麴為天然色素，搓揉製成的粿皮很軟Q，內餡再包入蘿蔔絲，吃起來清新不油膩，兼具色、香、味。

客家菜包

6人份

60分鐘

料理步驟圖

材料

粿葉 適量

外皮材料

糯米粉 500公克

溫水 50毫升

紅麴 適量

鹽 適量

水 250毫升

內餡材料

乾菜脯絲 400公克

香菇 4大匙

紅蔥頭 8～10瓣

油 適量

調味料

醬油 2大匙

鹽 少許

黑胡椒粉 少許

豆蔻粉 少許

作法

1 將內餡材料的乾菜脯絲過水擰乾，並將香菇、紅蔥頭切成絲狀，備用。

2 起油鍋，炒香作法1的紅蔥頭、香菇，並將菜脯絲以中火炒熟，備用。

3 製作外皮材料：取一部分糯米粉加溫水，揉出一塊粉糰（約60公克），壓扁，再放入滾水中煮熟。煮熟的粉糰、鹽及紅麴加入剩餘的糯米粉中搓揉，將剩下的水慢慢加入，直到可揉成光滑的粿糰為止。

4 取糯米糰，分成6份，包入餡料，先捏合、搓圓，再壓成扁圓狀，墊於粿葉上，再放入蒸鍋蒸15分鐘即可。

料理小撇步

- 糯米糰較黏手，可撒一些糯米粉在手上。
- 使用乾菜脯，會使整體較有香氣。

古早味廚房 點心篇

6人份

1小時

料理步驟圖

客家擂茶

自製香氣暖茶

廚房素語的私房菜

客家菜一向給人質樸平實的印象，過去因環境使然，靠山吃山、靠海吃海，食物得來不易，造就了客家媽媽們應用手邊僅有的材料，做出一道道好料理。這道擂茶配菜其實沒有特定食材，依自己喜好即可。

我做的擂茶是來自我媽媽，若要煮出翠綠色的湯，媽媽的祕訣就是把九層塔、薄荷葉、薯仔菜汆燙去苦澀水，再把汆燙後的熱水用來打九層塔和薄荷葉，這樣煮出來的擂茶湯會十分清甜，又有美麗的翠綠色，很是美味。

料理時，可以把九層塔、薄荷葉、薯仔菜和花生、芝麻分開攪拌；花生、芝麻、腰果攪拌久一點，擂茶湯風味比較細膩。至於擂茶配菜，我喜歡將每一樣菜都切細，搭配擂茶比較好咀嚼。

客家擂茶

材料

擂茶湯

九層塔葉	350公克
薄荷葉	160公克
薯仔菜	150公克
有機花生（炒香去皮）	500公克
有機白芝麻（炒香）	150公克
有機腰果（烤香）	120公克
鹽	適量
有機松茸調味粉	適量

擂茶飯配料

豆乾	300公克
鹹菜脯	230公克
白飯／有機糙米飯	適量
薯仔菜絲	250公克
包菜絲	300公克
白菜絲	300公克
胡蘿蔔絲	300公克
紫甘藍絲	200公克
四稜豆	250公克
豆角	250公克
甜菜脯	250公克
花生（炒香，去皮膜）	100公克
白芝麻（炒香）	50公克
烤香腰果	100公克
鐵觀音茶	1大匙

作法

擂茶作法

1 將九層塔、薄荷葉以滾水汆燙2分鐘，倒去苦澀水。

2 薯仔菜汆燙後，保留湯水，再加入作法1的九層塔葉、薄荷葉，放進攪拌機攪拌成膏狀。

3 將作法2倒出，在攪拌機中加入花生、白芝麻、腰果，加水蓋過材料後，攪拌均勻。

4 將作法2加入作法3裡，加點鹽、有機松茸調味粉，一起攪拌即完成擂茶醬，加入茶或熱水裡，攪拌均勻即可。

擂茶飯配料作法

1 把所有擂茶飯菜配料切細；熱鍋放菜鋪再放少許油和糖炒香盛起。

2 熱鍋加少許油和水，把擂茶飯菜配料各種切絲的蔬菜和鹽炒熟盛起。

3 熱鍋，依序將豆乾、豆角、四稜豆、加少許油、醬油、鹽調味炒香盛起。

4 泡一壺鐵觀音熱茶，加入適量擂茶湯拌勻。

5 將以上炒過的配料、花生、白芝麻和腰果搭配白飯佐擂茶湯享用即可。

料理小撇步

- 擂茶湯煮成後不可再煮沸，以免讓擂茶湯起沙，不細膩、不順口。
- 花生、白芝麻、腰果分開攪打，擂茶風味比較細膩。
- 擂茶飯配料的份量，可以隨自己的喜好調整。

古早味廚房
點心篇

黑糖酒香甜米糕

香軟樸實的古早味

Yami's Handmade的私房菜

小時候跟著大人去喝喜酒、吃流水席時，那麼多佳餚美饌中，最讓我印象深刻的卻是這道簡單又樸實的甜米糕。每次甜米糕一端上桌，無須品嘗味道，它渾圓可愛的外型，就已讓兒時的我兩眼發光，忍不住吞了好幾口口水。一嘗味道不得了，米糕香黏、軟爛中卻又帶著些許糯米咬勁，在口裡越嚼越香的滋味，讓我直到成年都還忘不了。不過這樣的古早味甜品，目前在外頭已不容易找到，幸好家中還有長輩可以請教，讓我有機會重溫兒時的美好記憶。

黑糖酒香甜米糕

3人份

1.5小時

料理步驟圖

材料

白糯米　1米杯
黑糯米　半米杯
米酒　1又1／5米杯
黑糖　適量

作法

1. 將白糯米與黑糯米混合，稍微洗淨。
2. 加入米酒（若不喜歡酒味太重，可改成米酒和水各半）。
3. 外鍋加入1杯水，像平常煮飯一樣，放入電鍋中按下開關。
4. 等待開關跳起，先燜個5分鐘，再加入黑糖（或砂糖）；這時米糕還有點水水的，是正常的喔。
5. 將糖和米糕攪拌均勻，建議不要一次加太多糖，可以邊試甜度，不夠甜再加。
6. 外鍋加入1杯水，繼續蒸煮。
7. 等待開關再度跳起，先燜15分鐘，讓米糕更Q；接著打開鍋蓋，從米糕底部翻動均勻即可食用。可直接盛盤，或做成丸子狀也很可愛。

料理小撇步

- 食譜使用的是長糯米，改圓糯米也可以。長糯米吃起來比較Q，圓糯米比較黏，口感會不太一樣。
- 免浸泡小祕訣：總米量：酒 =1：0.8，依照比例可自行調整米量與酒量。
- 米糕當天沒吃完的話，放冰箱會硬掉；如果要回熱，可加一點水進去重新蒸。不過，還是建議當天吃完喔！

輯肆

陣陣飄香的濃醇湯品

餐前喝湯、餐後喝湯各成一派說法，
無論是哪一種，
只要在冷吱吱的冬日裡，
喝上一口濃醇湯品，
暖胃、暖脾、暖心肝。

古早味廚房

湯品篇

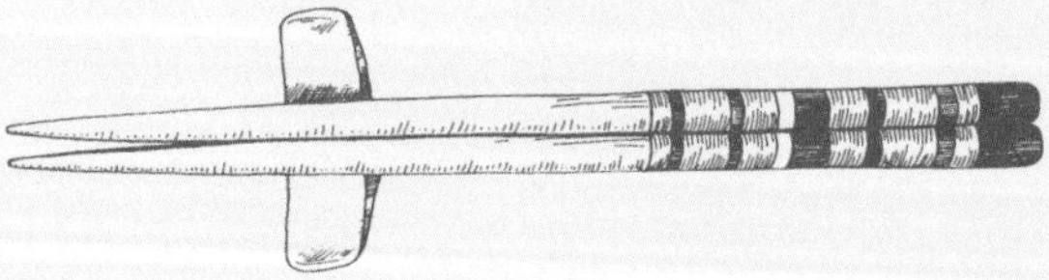

古早味的精華，丁阿嬤細火慢熬的滴雞湯

閩南阿嬤丁彩雲，年七十六，來自嘉義東石鄉的小漁村，結婚後嫁到高雄，自此，高雄就成了一輩子的家。採訪阿嬤的那天，高雄一如往常的暖和，或許是因為阿嬤的熱情，加上那天特地準備的滴雞湯，心頭份外溫暖。

阿嬤一邊準備食材，一邊說起古早的事。她是在結婚之後成為家庭主婦，不僅要煮飯給先生吃，整個家庭也靠她不間斷的料理，才得以飽餐；從那時開始，累積了近六十年的好功夫。

一開始，阿嬤看一些料理節目，看到什麼就煮什麼，最喜歡煮一整桌菜，一家人一起圍著吃的感覺；特別是有了孩子、孫子之後，更珍惜三代同

堂圍桌吃飯的時刻。阿嬤說著，臉上藏不住笑意。

問阿嬤非有不可的菜色，是不是阿公最喜歡吃的那一道，阿嬤笑笑說：「怎麼可以只疼阿公一人，孩子孫子在外打拚，也要煮營養的料理給他們補身體啦！」阿嬤堅持煮湯給孩子們喝。她說湯最營養了，而且湯有一種「圓滿」的感覺，如果能跟當天桌上的食材、味道相互搭配，整頓飯吃完，結束前的那碗湯，就像是一個完美的句點。

阿嬤小時候住在漁港邊，所以常喝的湯不外乎蛤蜊湯、蚵仔湯。而通常逢年過節才可能喝到雞湯，那道用整隻雞燉出的香菇雞湯，只用蔥、薑、鹽巴調味，再加一點酒，很簡單的滋味，想起來卻令人回味無窮。「雞湯是大日子才有的好料。所以我想，現在我的孫子喝到雞湯時，可能也會想起我這個阿嬤吧。」阿嬤靦腆地笑著。

若要說最花功夫的一道湯，阿嬤說那就是「滴雞湯」了，這是媽媽傳給她的手路菜。阿嬤生了四個孩子，每一次在坐月子的時候，媽媽都會特別從嘉義下高雄，為她煮這道「滴雞湯」。媽媽一邊為她準備，一邊說著：「喝這湯，可以讓身體恢復得比較快。」因此，往後每次喝「滴雞湯」，好像都會聽到媽媽在耳邊這麼說著。

如果真要說滴雞湯有什麼祕密的撇步，那一定是媽媽想要孩子健康

強壯的意念也一起滴在裡面了。所以自己當了媽媽以後，她也會煮「滴雞湯」給孩子們喝，這是專屬於阿嬤和家人的味道。滴雞湯是雞湯的濃縮版，裡面有滿滿的精華，十足地濃郁，像極了阿嬤給家人們的愛，是一道真正的古早手路菜。

Infor

姓名：丁彩雲
年齡：76
廚齡：57
族群：閩南人
擅長料理：家常湯品

滿滿精華的滴雞湯

1人份

3小時

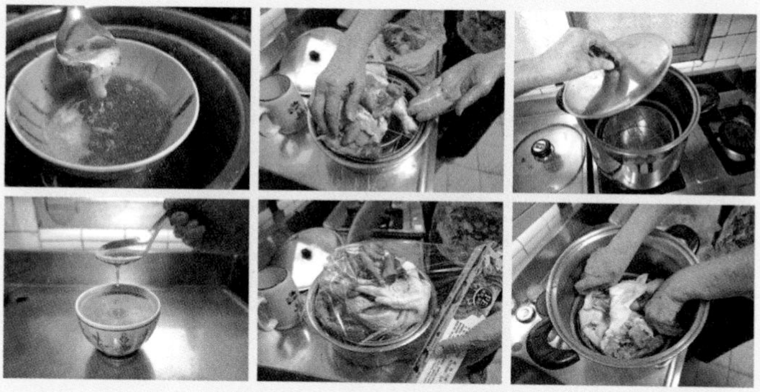

材料

現宰公雞　1隻
人蔘　少許
鹽巴　適量

作法

1 將要盛裝雞湯的碗放入小鍋，再將小鍋放入中鍋，上面置放鐵網（這裡的小鍋、中鍋，都是為了接住露出碗外的滴雞湯）。

2 將雞隻放上鐵網，為雞肉抹上鹽巴，確認雞肉沒有超出中鍋，封上保鮮膜（為雞肉抹上鹽巴，是為了確保滴雞湯完成後，雞肉拿去料理仍有味道）。

3 在深鍋內加入少許水，再將作法2放入深鍋，蓋上鍋蓋。接著，放上瓦斯爐，先開大火，煮滾（鍋蓋開始冒煙）後，轉小火續煮。

4 熬煮2個半小時～3小時（依雞隻大小決定烹煮時間）；如果水不夠（鍋中沒有滾水聲），可以開蓋沿鍋緣加水。

5 關火，等待雞隻與雞湯稍微冷卻，取出即可食用。

九尾草香菇雞湯

品嘗淡淡藥草清香

古梅玲的私房菜

年輕的時候，我對雞湯沒有什麼興趣，不過隨著年紀增長，嘗試的食物越來越多，從前不敢吃或不喜歡吃的東西，現在都能接受，甚至是變成喜歡了！這道「九尾草香菇雞湯」就是如此，口味的改變，讓以前不喜歡藥草味的我，現在卻享受著淡淡藥草清香的雞湯。回憶起高中夜校時，晚上下課回到家，時不時有媽媽煮的各式雞湯。年輕時不懂也不愛喝，更不可能問媽媽雞湯的作法，直到現在懂得雞湯的好，媽媽卻不在了。為了不枉費朋友熱心送來的九尾草，於是我開始研究藥草類雞湯的作法，希望讓這鍋雞湯，成為家傳的味道。

九尾草香菇雞湯

3～4人份

1.5小時

料理步驟圖

材料

乾香菇 6朵
九尾草 1份
土雞 半隻
米酒 1碗
紅棗 10顆
鹽 1大匙

作法

1 將乾香菇泡水，並保留香菇水備用。

2 將九尾草洗乾淨後，放入電鍋內鍋，並加入半鍋水，外鍋放3杯水，蒸煮到電鍋跳起後，撈出九尾草，並讓湯汁沉澱一下備用。

3 煮一鍋水，水滾後，放入雞肉汆燙，待雞肉變色即可撈出，略沖一下冷水，再把雞胸肉的部分先挑出，另外放。

4 取一鑄鐵湯鍋，倒入作法3的湯汁（底部沉澱的渣渣不要倒入），加入雞肉（非雞胸肉的部分）和香菇，並倒入1碗米酒和1碗泡香菇的水。

5 放入九尾草，加水至八分滿，蓋上鍋蓋，以中小火煮15分鐘後，再加入雞胸肉和紅棗，蓋上鍋蓋，燉煮10分鐘；加入鹽巴調味，即完成。

料理小撇步

● 紅棗劃開再放入湯中，比較能釋放出香味！

老菜脯排骨煲

時間醞釀的美味

假賢妻良母的私房菜

老菜脯是一個需要時間去醞釀、培養的食材，有錢也不一定買得到。有天，好朋友難得送來珍藏二十年的老菜脯，我特別珍惜地收下，心裡想著，除了雞湯以外，難道沒有其他老菜脯料理嗎？我想起每天接送孩子上下課的路上，總會經過一間藥燉排骨店，那香氣很是誘人，突然想到，或許可以試試看用老菜脯來燉排骨！這道料理就這麼誕生了。煮好之後，先端給家中長輩吃，孩子下課後也迫不及待嘗了一碗，全家都對這道煲湯滿意極了！

說來有趣，孩子們每天在藥燉排骨店前來來回回，這卻是他們人生第一次吃到燉排骨煲。謝謝好友的心意，讓我和孩子們有了一個關於料理的回憶。

老菜脯排骨煲

6人份

40分鐘

料理步驟圖

材料

乾香菇　8～9朵
老菜脯　15公克
竹薑　2～3片
蒜頭　適量
水　適量
小排　1斤半
排骨　半斤
枸杞　5公克

作法

1 將乾香菇洗淨、泡水，備用。
2 將老菜脯洗淨、瀝乾水分、切小條狀，備用。
3 在鍋內依序放入切好的老菜脯、竹薑片和蒜頭；接著倒入香菇水和適量的水，蓋上鍋蓋，以大火煲煮。
4 趁熬煮湯頭時，將小排和排骨洗淨，瀝乾水分後，放入另一個鍋內，加上適量的水，放在爐上煮（切記水不要煮開）；待肉塊表面呈現半熟時，即刻撈出，放入冷水裡清洗（去除肉塊的血和雜質），然後將肉塊瀝乾水分備用。
5 將作法3的鍋蓋打開，倒入瀝乾後的肉塊、泡開的香菇，再蓋上鍋蓋，以大火煮滾後，轉小火續煮40分鐘左右。
6 熬煮完成後，打開鍋蓋，加入適量的枸杞調整口感，即完成。

老菜脯雞湯

三十年前的黑金寶物

薇琪's日日主婦巧食玩味的私房菜

某次回婆家時，眼尖看見廚房的櫃子上，擺了一罐黑黑的東西，走進一看，果然與原先猜想的無誤，這真的是老菜脯啊！問婆婆能不能讓我拿回家煮，她還十分訝異我怎麼會想煮老菜脯。早期人工醃製的老菜脯，存放至今價值不菲，若不熟門路，還可能買到用醬油混製成的劣質假貨。沒想到，我心心念念的正港老菜脯就近在咫尺，還隨手可得！

這罐老菜脯，是老公的阿嬤親手醃製，封存了三十多年的歲月，再由婆婆傳承下來——是多麼彌足珍貴的禮物啊，裡頭滿滿都是阿嬤的心意。

俗稱「黑金」的老菜脯，在不同光線的照射下都是黑黑的，某個角度看真的黑到發金！我得了寶物，於是就想煮一道經典湯品——老菜脯雞湯，馬上下訂酵母土雞，讓珍貴的老菜脯搭配好品質的土雞肉。

做好的老菜脯雞湯，真的又黑又亮，香氣彌漫在家裡每一個角落，阿嬤，您看到了嗎？我們一家正在享用您在那遙遠時代裡的手工愛心啊！

老菜脯雞湯

6人份

60分鐘

料理步驟圖

材料

蒜頭	6瓣
薑	6片
老菜脯	250公克
酵母土雞	半隻
水	4公升
香菇	數朵
米酒	適量

作法

1 將蒜頭剝皮；薑切片；老菜脯洗淨切塊；酵母土雞肉取一鍋熱水汆燙，備用。

2 取深湯鍋，將老菜脯放入，加水、薑片、香菇一同熬煮；煮滾後，關小火，蓋上鍋蓋燜50～60分鐘。

3 將整瓣蒜頭以小火煸香，備用。

4 在作法2的老菜脯高湯中，加入酵母土雞肉及煸香的蒜頭；煮滾後，轉小火，再煮10～15分鐘；加少許米酒提香，即可。

料理小撇步

●蘿蔔醃製十年以上，即可稱為陳年菜脯，不僅是客家經典菜色食材，閩南人家也會醃製老菜脯。早期那不富裕的年代，老菜脯又稱「窮人的人蔘」，傳聞可解毒、解酒、治咳，還具有改善糖尿病、心血管疾病、便祕等功效。

●料理小技巧：在熬煮的過程，水分會流失，請自行加入適量的水；若不夠鹹，請加鹽或醬油調味。

苦瓜封湯

傳承三代的「愛媽料理」

Trasha安安的私房菜

這道苦瓜封湯，是奶奶曾煮給媽媽吃，媽媽又煮給我們吃的「愛媽料理」。

苦瓜是眾孩子皆知的討厭鬼，為了讓我們不挑食，願意吃苦，媽媽總是絞盡腦汁做各種料理。但身為職業婦女的她，下班後的閒暇時間不多，費時的料理並不適合在平常上班日烹煮。燉湯類的好處就是「方便」，媽媽只要備好料，放入電鍋，毋須費神顧火爐，一道溫暖、營養又美味的苦瓜封湯會自動出爐。

兒時因這碗湯而願意接受苦瓜，長大後，離鄉背井竟然也在想念苦瓜。仰賴科技方便，讓我越洋也能視訊跟媽媽連線學煮湯，這碗苦瓜封湯，就這麼在我們家默默地傳至第三代。

苦瓜封湯

5～6人份

90分鐘

料理步驟圖

材料

紅蘿蔔 90公克
油蔥酥 30公克
芹菜 2根
豬絞肉 600公克
魚漿 250公克
米酒 1湯匙
醬油 2湯匙
五香粉 適量
白胡椒粉 適量
鹽 適量
糖 少許
苦瓜 2條

作法

1 將紅蘿蔔去皮、切小丁；油蔥酥切碎；芹菜切末，備用。

2 將豬絞肉和魚漿放進鍋盆裡，並加入米酒、醬油、五香粉、白胡椒粉、鹽、糖、紅蘿蔔和油蔥酥；用手攪拌至肉餡呈現黏性、彈性。

3 苦瓜洗淨後，去籽和內層薄膜，切約3公分的厚度。

4 將作法2內餡擠壓塞進苦瓜裡，即完成苦瓜封。

5 將苦瓜封放進電子鍋裡，加水蓋過食材，選擇「煲湯模式」。

6 最後，加入芹菜末和鹽拌勻即可。

料理小撇步

●若使用電鍋，建議倒入 1 杯半～ 2 杯的外鍋水，煮約 50 分鐘。
●若使用瓦斯爐，可以小火煮約 40 分鐘。

古早味廚房
湯品篇

翡翠海鮮羹湯

抓住家人的胃

嫒的私房菜

這是我很喜歡的一道湯品，雖然價格不菲，但每次去餐廳吃飯，只要菜單上有，我都會點來喝。媽媽為了滿足我的口腹之欲，自己做羹湯，添加了很多好料，並以盛產的茼蒿入菜，味道非常美味，簡單且顏色漂亮，當作年菜也十分適合。

因為愛喝這道湯品，我請媽媽教我煮，我再煮給家人吃；有時候會隨意變化，以現有食材來煮。

餐廳常常要變化菜色，才能吸引客人上門，家中也一樣，要常常變換菜色，才能抓住家人的胃，以此為宗旨，因此便常常有新菜色出爐，我很感謝家人都很捧場，讓我不斷地學習與嘗試新的元素、研發新的口感。

翡翠海鮮羹湯

10人份

60～70 分鐘

料理步驟圖

材料

茼蒿 50公克
乾干貝 5顆
米酒 適量
蛤蜊 300公克
蝦子 300公克
蛋 2顆
水 1公升
鹽 1匙
玉米粉 15公克

作法

1 將茼蒿洗淨，水滾放入燙3分鐘，撈起，切碎備用。
2 干貝洗淨，泡米酒、壓碎，放入電鍋蒸熟；干貝湯汁可留著煮湯。
3 蛤蜊洗淨，煮1碗水，水滾放入蛤蜊，待蛤蜊打開後，撈起剝殼，蛤蜊肉另外放。
4 將水繼續加熱，水滾放入蝦子，煮至變色，撈起，剝蝦殼。
5 將蛋白與蛋黃分開打散，備用。
6 將作法2的干貝湯汁、作法4燙海鮮的水，以及1公升的水加在一起，煮滾後加鹽調味，並用1：1的玉米粉和水勾芡。
7 在湯裡分別倒入蛋白、蛋黃，就能完成漂亮的白、黃層次。
8 將所有海鮮加入湯裡，煮滾熄火。盛起，中間放入切碎茼蒿，即完成。

料理小撇步

● 可依個人喜好，添加烏醋調味。

番茄洋蔥芋頭雞湯

療癒又補充元氣

小玉子的私房菜

我很喜歡煮湯，在喝湯時，總有一種被療癒的感覺。這道番茄洋蔥芋頭雞湯，是我的一個嘗試，在雞湯中加入當季的芋頭，番茄洋蔥則是冰箱裡的常備食材，只要把食材都準備好，一起放進電鍋燜煮即可，不用顧爐火，拯救忙了一天的我。

以前，我其實是個對料理沒興趣的人，覺得麻煩，也因為小時候在廚房被燙傷的經驗，讓我對下廚感到恐懼。直到長大後的某一天，因為人生際遇的變化，讓我決定挑戰自己，勇於面對害怕的事，因此開始接觸料理，從簡單的食譜開始，慢慢地進步。

這道湯真的很簡單，也很容易成功，希望能幫助跟我一樣的料理新手，在料理中慢慢地找到成就感。

番茄洋蔥芋頭雞湯

5人份

1小時

料理步驟圖

材料

土雞切塊	1盒
洋蔥	1顆
番茄	2顆
薑	1塊
水	適量
芋頭	數塊

作法

1 雞肉汆燙後備用；洋蔥切碎、薑切片、番茄切塊，備用。

2 冷鍋放進油和洋蔥後開火，炒香洋蔥，並依序加入番茄、薑片、雞肉拌炒。接著加入適量的水，充分攪拌後，滾煮5分鐘。

3 將作法2倒入電鍋內鍋，並加入芋頭；電鍋外鍋加1杯水，用電鍋燜煮，開關跳起後即完成。

料理小撇步

● 芋頭要切大塊一點，否則會完全融化進湯品。

鮮蔗湯

家族聚會的甜蜜滋味

楊家老大茹爺的私房菜

常見的「甘蔗」對我來說，是別具意義的一種食材。

以前外公總是喜歡利用甘蔗煮出不同的料理，例如甘蔗三層肉、甘蔗海鮮湯，這些都是我們家餐桌上讓人回味再三的美食，也是因為外公、爸爸的好手藝，讓我很小的時候就決定要好好學料理。當時還跟外公約好了，有一天要親手煮給他吃，卻來不及實現諾言，外公就不在了。

來不及煮給外公吃，我選擇把握跟其他家人相處的時間，經常用料理表達我的愛意。這道鮮蔗湯，是用甘蔗熬湯，再加入海鮮等食材，作法簡單，喝起來卻新鮮又甘甜，就像每一次跟家人相聚時，空氣中傳來的甜蜜滋味一樣。

鮮蔗湯

4人份

2 小時

料理步驟圖

材料

甘蔗	半包
水	適量
蝦子	15隻
干貝	4顆
透抽	1隻
小卷	1包
海帶芽	適量

作法

1 將甘蔗洗淨、削皮、切段，放入電鍋內鍋，加水蓋過甘蔗，並蓋上鍋蓋，熬出甘蔗汁（至少熬三次）。

2 將其餘食材洗淨備用。

3 將甘蔗汁取出放涼後，加入所有食材，在電鍋外鍋放一杯水，蒸至電鍋開關跳起即可。

蘆筍蛤蜊雞湯

山珍海味鮮美人湯

梅子的廚坊的私房菜

在那個津津蘆筍汁大賣的年代（一九六〇到八〇），白蘆筍及洋菇都是台灣重要的外銷農產品，而這兩項農產品，我家都有種植，不過，我最愛的還是白蘆筍，A級品會交給產銷班，次級品則留著分送鄰居及自家食用。

我的母親常會在炎炎夏日裡，煮一大壺甜甜的蘆筍汁來消暑；在重要的節日，還會煮上一大鍋蘆筍排骨湯，抓隻自養的土雞來加菜，而我和哥哥們則會到海邊摸蛤蜊回來幫這道湯加料，鮮甜得不得了！那滋味永遠忘不掉，很開心，我的先生及兩個孩子也喜歡這風味，是值得傳承的一道湯品。

蘆筍蛤蜊雞湯

3～4人份

60分鐘

料理步驟圖

材料

放山雞或仿土雞　半隻
水　2公升半
米酒　1大匙
白蘆筍　1斤
蛤蜊　20顆
鹽巴　適量

作法

1 雞肉切塊、汆燙後，放入另一鍋中，加水及適量米酒燉煮30分鐘。
2 將白蘆筍刨去外皮切段，放入作法1的鍋中，續煮20分鐘。
3 加入蛤蜊及鹽，煮至蛤蜊殼打開，約3分鐘即可。

日日好食 21

懷舊餐桌！走入60間廚房學做家傳菜

從日常飯食到經典佳餚，全球最大食譜網站Cookpad教你輕鬆煮出懷念古早味

作　　者：Cookpad
攝　　影：陳威齊
企劃主編：謝美玲
責任編輯：陳玟芯
校　　對：陳玟芯、Cookpad、謝美玲
封面設計：比比司
美術設計：林佩樺

發 行 人：洪祺祥
副總經理：洪偉傑
副總編輯：謝美玲
法律顧問：建大法律事務所
財務顧問：高威會計師事務所
出　　版：日月文化出版股份有限公司
製　　作：山岳文化
地　　址：台北市信義路三段151號8樓
電　　話：（02）2708-5509　傳　　真：（02）2708-6157
客服信箱：service@heliopolis.com.tw
網　　址：www.heliopolis.com.tw
郵撥帳號：19716071 日月文化出版股份有限公司

總 經 銷：聯合發行股份有限公司
電　　話：（02）2917-8022　傳　　真：（02）2915-7212
印　　刷：禾耕彩色印刷事業股份有限公司
初　　版：2020年12月
定　　價：350元
I S B N：978-986-248-929-1

國家圖書館出版品預行編目資料

懷舊餐桌！走入60間廚房學做家傳菜：從日常飯食到經典佳餚，全球最大食譜網站Cookpad教你輕鬆煮出懷念古早味／Cookpad著. -- 初版. -- 臺北市：日月文化出版股份有限公司，2020.12　208面；16.7×23公分. --（日日好食；21）

ISBN 978-986-248-929-1（平裝）

1.食譜

427.1　　109017919